# 美好生活的兩個臺灣實踐樣本

蘭桃 · 著

# 推薦序　從臺灣到美國，遊覽更多桃花源

認識蘭桃十年了。這十年，她來臺灣成為陸生，結婚，當了母親，陪家人去美國進修。生命常有驚喜的時光，最開心是她永遠有禮物，一本本作品在兩岸出版，從《陸生元年》到《藏在小日子里的慢調台灣》、《三十歲，回鄉去》，再到這本《美好生活的兩個臺灣實踐樣本＋》。看這本書，似乎在陪伴著臺灣社會脈動旅行，走過臺灣的田間小徑，坐在田梗看遍農村春夏秋冬。

二〇一一年，在臺灣攻讀碩士時，蘭桃開始四處旅行認識臺灣朋友，觀察社會發展。那些時候也是臺灣年輕人開始返鄉種田，半農半X風潮開始，紀錄片《無米樂》成為社會話題。蘭桃利用畢業前夕的一個月，走訪書中人物，她到宜蘭拜訪賴青松、吳佳玲……深入調查及分析深溝村，比對臺中合樸農學市集。搬到美國後仍然念念不忘，又利用假期回臺灣採訪，從宜蘭到臺中，她開始田園生活的探索，拜訪了林中翊的泥土房，羅敏真的豆腐坊……

她長期關注深溝村和合樸市集，她的文章除了報導，還分析了青年返鄉的小農們如何改變了農村的生活方式，提出未來的農村可能性，讓大家深思農村的未來。比如留日碩士賴青松的志願返鄉，租地種田，引領的新型穀東俱樂部模式，這些年已默默影響了許多青年歸農

返鄉；同時也看到臺灣農村無可避免的時代背景，工業汙染生態，土地及水源被破壞，土地徵收，離鄉棄守的農村嚴重人力不足。

穀東俱樂部拒絕農藥的耕作模式，取經日本的生活俱樂部，向日本學習用消費行為改變通路，重建土地與人的關係，夫唱婦隨改變了自己，也改變許多農夫農婦的生活模式。例如之後加入倆佰甲，開設小間書菜的城市人江映德和彭顯惠，越來越多人聚集，碩士生吳佳玲選擇用網路行銷，舉辦農事活動，擴大公共參與，也擁有幸福的家庭生活，讓孩子吃到父母親手種的米。

因為移居鄉村也影響了社區學校，甚至孩子們的食農教育。孩子們從小開始，種稻、種菜，甚至出版了孩子們《食農小學堂》的紀實書，美好的緣分一個又一個緊緊扣住，從產地到餐桌，認識到食物滋養未來，儼然成為源於農村的全民運動。

作者有心拜訪的臺灣合樸農學市集，亦為宜蘭經驗之外提供了美好生活的城市邊緣想像。有機認證，農學市集聚氣，鼓勵大家回復簡單生活理念，從豆腐課程到全面照顧公田，讓城市人享受農村土地的願力中心，漸漸從公益邁向社會企業之路明確走出社群支持農業策略。

全書是作者花了幾年時間細細觀望，在人生閱歷中漸漸積累的臺灣生活觀察。或者吻合了吸引力法則，二〇一五年，作者陪同先生慶明遠赴美國佛羅里達州攻讀政治博士，幾年陪讀生活，最大的禮物是她實踐了農耕生活，在學校農林混合園林裡耕種。在她的形容裡，她們一家像是愛麗絲掉進了兔子洞，每週和來自南美、法國、印度、德國……全世界不同國家的鄰居們一起勞動，享受著有一百種植物的食物森林。她和鄰居們用廚餘發酵的黑土育苗、播種、移苗，也豐富了單調的求學生活，為孩子童年帶來豐沛快樂的記憶。

全書觀察時序跨越了臺灣改變的社會氛圍，也加入作者體驗，拉近了土地共生、友善大地和大家期待的農耕經驗。感謝作者留下的紀錄，從臺灣到美國的美好生活實踐，期待作者下本作品，帶著讀著雲遊更多桃花源。

張典婉
二〇二一年十月十一日
於臺北汐止

＊張典婉，資深媒體工作者，聯合報兩屆報導文學獎得主。

# 推薦序　跟著日月星辰的節奏找到自由

我們與本書作者素未謀面，因著合樸而結緣，有幸受邀為藺桃的新書簡短為序。

書中紀實的人物，青松、孟凱、中翊、敏真、佳玲……正是我們這十餘年來所熟識、足堪學習與敬佩的先行者，他們以十數年的心力，從生活的根本——土地、環境、食物出發，腳踏實地，不惜胼手胝足，做中學，學中做，不斷探索，希望為自己，也為大家找到一個永續共好的生活模式。翻閱他們的事蹟，就像再次經歷我們曾一起參與的種種，即便事隔旬年，依舊鮮明，恍如昨日。

文明的進程，讓人類從恐懼變焦慮，謙卑變自大，自足變貪婪，自由變束縛。過度的創發活動，攪亂了天地間的有序，讓一切又變得混沌，沒有落定的跡象，仿若失速列車，眼看就要剎不住……

大航海時代的地理探索，開啟了國際貿易，觸發了工業文明，伴隨著掠奪、殖民、奴役、壓迫與剝削，帶來了繁榮富裕，也帶來了無止境的欲求與創新。在資本主義的自由市場經濟下，與成功定義畫上等號的「數大」就是美；於是，人們汲汲營營、戰戰兢兢，為了登科五子而變得不自由，在高產能高速率的競逐下，負載著高壓、潛藏了身心疾患；同時，滋養萬物的土地被不當、超限利用，人工合成入食，毒害汙染充斥，自然資源耗竭，食物鏈嚴重斷裂，人心不再純淨……，所有經年累月、違逆天地、以人獨尊的作為，正在蠶食地球上的生命。

深溝、合樸的經典範例，正是先覺者對人類野蠻的文明造成的循環破壞的深切反思，透過在地社區的深耕、生活教育的學習，試圖傳達萬物共好的概念，找尋身處宇宙間存在的意義與價值。

陳明珍、蘇至弘

攜手推薦

＊陳明珍、蘇至弘為竹蜻蜓綠市集志工、水木書苑創辦人，以及友善書業合作社共同發起人。

# 自序　美好生活，自己創造

二〇一九年的元旦，孫姍一家從加拿大渥太華來美國佛羅里達州看我們。因為共同的務農興趣，第一次見面的我們無話不談，從彼此不同的播種、收穫季節，談到如何保存食物，如何養護土壤，如何邀請來自不同國家的農友、同道一起認識在地植物，形成穩定的支持社群。

經濟困擾自然也是一大難題。除了農場，孫姍還有一份兼職工作，也做過跨國夏令營。但是她和先生李波兩個人加起來的收入，差不多也只有幾年前在北京時一個人的薪水高，「做農民發不了財，賺一個好生活罷了。」我和先生慶明不住點頭認同，種菜這幾年都是志願工作，也沒有得到過什麼獎賞，只是讓我們在異鄉的生活過得越來越順心、美好。

剛好那時候，慶明在佛羅里達大學教一門「What is the Good Life」必修公開課。我們幾個很認真地探討了什麼是「美好生活」。每個人對美好生活的理解都千差萬別，但總得來說，都離不開主觀感受上，讓個人和家庭擁有積極健康的心態，覺得被幸福感所包圍。

當時我已經在美國住了四年，主要的工作是做全職媽媽。其間，有過很幸福的時刻，也有很多的思索和掙扎。因為簽證原因，我在美國的身分始終依賴於慶明，常常讓我感覺到不安，有違獨立女性的自我認同。每當遇到家庭矛盾、經濟危機，我的第一反應都是帶著孩子回中國去工作，似乎這是讓我更幸福的答案。但是一次又一次，我還是留了下來。可能我的下意識裡，一家人在一起才是更好的選擇。

選擇留下來之後，我把孩子送去幼稚園，重新開始我的自由撰稿工作，積極拓展寫作和發表管道。為了賺錢，也為了讓自己有一個獨立於媽媽、妻子之外的身份，我很認真地去探索自我，究竟對什麼有興趣，然後想辦法寫出來。寫作既是探索外部世界，也是追尋內心線索的過程。這件事與以往做記者時候的公務寫作有了本質的區別。

與此同時，種菜也顯示出了異曲同工的妙處。我們一家在鄰居離開、夥伴畢業的情形下，堅持在多族群生態園地種菜，照顧菜地。吸引了一些原本就對這塊菜地有興趣的夥伴，慢慢形成了一個穩定的勞作社群。每週固定的時間一起去菜地工作，商量種植的品種，開闢菜畦，堆肥，鋪木屑防止雜草，還有拔不完的草……我們一邊幹活一邊聊天，天南海北，彼此的成長經歷，雖然來自不同國家、有不同膚色，我們驚喜地發現，原來我們有那麼多的相同之處，又對對方獨特的成長背景和文化充滿興趣。

因為對彼此文化的興趣，我們在菜地舉辦了很多與文化相關的食農活動。雖說主要的對象是夥伴，也招攬來很多對幹活沒興趣，但對吃很有興趣的人。比如源自印尼的天貝（tempeh），被越來越多素食者青睞。我們請來本地的天貝生產公司的員工，還有印尼的朋友，現場講述和製作天貝。等天貝發酵成熟，我們還各自彙報或煎或炒的「即食」成果。

我們的朋友圈裡有很多「蘑菇獵人」，有一位專門去墨西哥採集了一個月的蘑菇。我們請他帶著電腦來做一次展示，順便邀請每個參加的人都帶上自己採集到的蘑菇來講述自己的故事。甚至還舉辦過兩次「可食用的蘑菇盛宴」，有的人帶著自己去北方採集的羊肚菌過來菜地，直接用黃油煎了分享；有的是自己在車庫種植蠔菇，帶了一籃子來分給大家；還有更多人是做一道蘑菇菜過來分享。

每個人都把自己的創意和興趣，發揮到了菜地裡。來自印尼的朋友把枯萎的香蕉樹砍倒，在樹幹上挖出幾個格子，然後埋土育苗。她想試驗看看，這樣是不是可以把發酵堆肥的過程和育苗生長的過程結合起來；植物學博士買來好幾種mustard green種子，隨手播撒在土地表面，他想看看，這些蔬菜能不能像野草一樣，不需要覆蓋和疏苗，也能長得好。

我從中國菜友那裡交換了一批種子，在樹蔭覆蓋的地方種絲瓜、苦瓜，在陽光明媚的區域種豇豆和中國長茄子。等到收穫的時候，我炒個豆角茄子、絲瓜炒蛋端到菜地，告訴他們這些奇形怪狀的蔬菜，其實可以很美味。幾年下來，除了冬天，我們基本實現了蔬菜自足，春夏兩季還有野菜自足。

交流和分享帶來的愉悅，與作物生長、採集收穫帶來的歡愉，單純的手工勞動帶來的快樂，彼此疊加，互相作用，讓我們的「菜農」生活，比單純的種地多出了更多意義。因為菜地夥伴的博聞，我們對蓋恩斯維爾本地和美國其他區域的可持續食農行業有了更深入的瞭解；越深入交談，越發現了大千世界的「和而不同」，不再執著於異鄉還是他鄉的自我設限；在菜地找到志同道合的朋友，幫助彼此度過困境，我們建立了彌足珍貴、想要持續一生的友誼。種菜，既幫助我深耕現實社會，也療癒了身心，擴展了胸懷。

這樣的生活，稱得上美好生活，也是我想要過的生活。所以我發現，美好生活並不是單純作出選擇就能得到，反而是自己創造出來的。有自己良好的發心和行動，找到或者吸引到志趣相投的人群，互相陪伴，彼此合作，可以創造出不曾設想過的「美好生活」。

因為要出版這本書，我重新閱讀二〇一七年就寫完的本書初稿。忽而發現，我在美國這幾年的美好生活，其實就來自於我在臺灣看到的那些美好生活樣本。可以說，在臺灣的三年，奠定了我對美好生活的初步理解。

第一次採訪賴青松大哥，在他家後院、田間地頭、在宜蘭縣史館屋頂上，聊他的起心動念，從心而行，聊我的困惑，前路何在。我深深地被他為了選擇自己想要的生活所付出的勇氣和決心所鼓舞。坐在農民食堂，和進來歇腳的農民聊，和前來深溝探路的農村愛好者聊，我發現大家想的都是，我更想要以一種怎樣的態度、怎樣的形式，度過生命的一段時間。這個態度和形式，就是彼此對美好生活的不同理解，進一步啟發我，放下以往教育和規訓中，太過宏大空虛的使命，專注在探索自我真實的需求，腳踏實地地去生活。

我在深溝村感受最深的是新村民的創造性和活力，在合樸感受到的則是包容和手作的快樂。第一次參加咖啡沙龍，我不需要重複介紹我的陸生身份，同伴們只問一句，你想做什麼？這是一個強力直擊內心的發問。我把真實的自我躲在一重重的身分之後，作為記者、作為第一屆到臺灣留學的大陸學生，作為對臺灣處處感興趣的一個外來者，去提問和觀察，卻從來沒有問過自己一句，你真正想做的是什麼？

我的答案是，不知道。「那就去試試看。試了才知道。」想種稻，那就直接下田去；對手作披薩感興趣，那就自己揉面、加料、自己烤；對茶和咖啡都不瞭解，來，先喝喝看……試過才知道，只是手作本身，就已經足夠快樂。喜不喜歡，想不想要，是之後追問自我，考察市場後才要回答的問題。

二〇一四年畢業離臺前夕的這次採訪，像是人生的轉承章節，昭示了一個未完待續的故事的開始。從那以後，我開始想要書寫自己的故事，而不是旁觀他人的生活。每次站在人生的分叉路口，我都一次次問自己：「你想要過什麼樣的生活？」由此，對美好生活的理解也隨時間、處境而有所變化。有很長一段時間，我理解的美好生活是，在自然環境中，與志趣相同的朋友為伍，盡量多地使用雙手去創作，去收穫。不過當時的前提是，一家人生活在一起，我有了一份穩定的遠端兼職工作，可以維持生活，也保持一定程度的自我。

時隔兩年，我再重新採訪深溝村和合樸的小夥伴，他們的生活也發生了許多變化，對幾年前的生活有懷念，也有批評和反思，蓋因為他們所處的前提和環境發生了變化，人生的優先選項也發生了變化。這並不意味著過往是錯誤的，只是再一次驗證了，美好生活，有賴天時、地利、人和，更需要自己積極去創造。調整自己，適應新的前提和環境，選擇天時和地利，創造新的人和。而這些調整和反思，恰恰好是探索美好生活的必經之路。

二〇二一年九月二十五日於韓國首爾

# 目次

## 臺中合樸篇



## 別篇　美好生活的其他實踐樣本

# 宜蘭深溝篇

# 未來的農村長怎樣？深溝村才是臺灣的未來

如果這是一部電影的開場，鏡頭應該會這樣拉開——

一望無垠的蘭陽平原，細密如針的雨絲在天地間婆娑柳舞。一輛破舊的小巴，由西向東，緩緩穿過這片模糊的灰白。車上是一對年輕的夫妻和他們不滿三歲的女兒，車的後半部分塞滿了棉被、枕頭和他們的全部家當。

螢幕上打出字幕——二〇〇〇年，連接臺北和宜蘭的雪山隧道還有六年才會開通，他們從臺北翻山越嶺而來，花了將近一天的時間才開到目的地——宜蘭縣羅東鎮。

他是賴青松，她是朱美虹。夫妻倆租下一個帶院子的小房子，把女兒送進了冬山鄉的慈心華德福幼稚園。終於，他們逃離了寸土必爭、寸時必較的都市，大人和小孩都過上了可以大口呼吸、自由奔跑的生活。

只是他們和宜蘭都沒有想過，一個人志願返鄉救贖自我的舉動，會改變整個蘭陽平原。十幾年之後，宜蘭成為整個臺灣新農（或稱為志願農民）最多的群聚點。不完全統計，僅僅宜蘭深溝村連同周遭的幾個村子，就有新農八、九十戶，採用無農藥友善耕種的田地近百甲。

不同於老農和承接的農二代，志願從農的新農夫，人生中途轉場前多有各自的職業專長，轉入鄉間後，他們不只是想要種出自己可以安心吃的糧食蔬果，還結合各自專業，在農村開始實驗性的新生活。這些實驗，攪動了曾經沉寂的鄉村，不只是注入年輕的生機，更有可能打破城鄉二元結構，逆轉鄉村多年來失落的主體性，讓農村重新被看見、被重視，成為更多人的人生優先選項。

## 深耕十年，變化悄現

在臺灣讀研三年，我到訪了臺灣中部、東部、南部許多鄉村，眼前的農田都異常平整。花蓮玉里的農田一塊塊連成片，多次出現在臺灣風光宣傳片中，極目遠眺竟如大陸中部平原般壯闊。一年一收的蘭陽平原一望無垠，田埂橫平豎直將田地分成一個個小格子，田間小路可以容兩輛小巴並行開過，路旁川流而過的是水泥澆築的溝渠。這樣的鄉村風景，跟我兒時印象中的農村有很大不同。

原來，臺灣在一九六〇年代經濟起飛時，開始了以農地重劃、鄉街都市化為代表的農村改造計畫，原本被曲折蜿蜒的田埂細分在村落各地的小塊農田，經過統一平整、劃分，灌溉系統也由政府統一設計。臺灣農業開始從小農耕作，朝向統一使用機械播種、灑藥、施肥、收割的工業化演進。經濟騰飛，工商業欣欣向榮，農業成為最沒有價值的產業，農民幾乎是社會底層的代名詞。

二〇〇二年，臺灣加入世界貿易組織WTO，開放稻米進口，臺灣人每吃八碗飯裡就有一碗是進口米。這對臺灣本土農民是個沉重打擊，二〇〇三年開始，農家子弟楊儒門在臺北市放置十七次爆炸物和「反對進口稻米」、「政府要照顧人民」字條，希望引起政府對農業農民的重視。輿論譁然，被忽視和傷害的農業開始引發大量關注，這一案件由此被稱為「白米炸彈案」。二〇〇六年，當時執政的陳水扁政府展開「新農村運動」，意圖將農業引向有機農業、休閒農業發展，另一方面提高老農補貼，鼓勵青年返鄉。二〇〇四年，從日本攻讀完環境法學碩士的賴青松，返回臺灣落腳宜蘭鄉下，建立「共同購買、共擔風險」的穀東俱樂部，躬身下田實踐不施化肥農藥、手工莎草撿螺的友善農業，開知識青年返鄉務農風氣之先。然而最開始的那幾年，他收到的都是老農的嘲笑與觀望，當他們終於不再懷疑這個年輕人能否在鄉村待下去，他與老農們也只是彼此相安無事卻無法互相理解。

賴青松相信緣分的累積，時間到了，農村的改變就是深遠的。

終於，在二〇一三年，他等到了這個轉捩點的出現。那一年正好是賴青松學成返臺後志願從農的第十年。臺灣行政院農業委員會推行新的休耕活化政策，原來水田一年可以休耕兩期不種的政策，調整為一年只能休耕一期，同時，另一期必須耕作才能領取一期的休耕補助。一時間，長年休耕的地主慌了手腳。

即便是急著找人種田，也沒有老農願意把田交給陌生的外來人。賴青松深耕深溝十年，耕種的田管理有序，老農看在眼裡，放心把田交給他，希望由他來承租第二年的稻作。可他當時已經承租了六甲水田，是他體力的極限。

恰好，支援賴青松多年的穀東、在宜蘭長期從事農村規劃工作的楊文全博士在前一年也跑來深溝嘗試鄉居生活。基於與文全多年交情，賴青松轉介了兩甲半的地給他。二〇一三年，是楊文全正式種稻的第一年，一個新手農夫進場就要管理兩甲半的田地完全超過他的預料。他只好向周邊好友求援，拉攏各種可能的朋友來耕田。

進入二〇一〇年以後，越來越多年輕人出於對食品安全、糧食安全、生活方式的反思，返鄉從農。有許多城市居民無鄉可回，那些返鄉先驅們打下了基礎的村落，成為了他們的優先選擇。山好水好的宜蘭，吸引了許多新移民，可是人生地不熟，他們在此沒有信任基礎，看到許多休耕的田卻租不到田。

有人想轉租有人要耕作，人際和網路傳播雙管齊下，供需雙方搭上了線。二〇一三年，包括小間書菜夫妻在內，共計六戶家庭加入了楊文全的倆佰甲，一起承租了這兩甲半的田。

經歷過一個春耕後，楊文全發現種田並不像想像中的難，和一群新手農夫在一起耕種、互相照顧互相陪伴，反而非常快樂。年屆五十的他，找到了自己後半生想要做的事——透過倆佰甲這個平台協助新農夫進場務農。

到二〇一四年底，倆佰甲就培育了五十戶新農，耕種水田四十甲。二〇一六年我再次前往深溝採訪，楊文全說，他已經沒有再計算倆佰甲到底有多少新農夫了，因為群集效應已經形成，「已經大到不會散掉」，還有不少老農也在新農帶動下改作友善農業。當年他的目標是二十年培育一百個小農開展友善耕種，取名倆佰甲，是因為「一人耕種兩甲地，就有兩百甲了」。到二〇一六年，他粗略估算僅深溝村及周邊幾個村落就有八、九十戶友善新農，如果算上宜蘭其他鄉鎮，目標早已實現。

除了倆佰甲，更多的小農組織悄然浮現。

二〇一二年，「臺灣農村陣線」（以下簡稱農陣）的幾位年輕人在賴青松幫助下，在深溝村成立「宜蘭小田田」稻米工作室，由當地老農陳榮昌阿公帶領學習務農。二〇一三年，團隊裡的世新大學碩士吳佳玲決心休學從農，之後就留在了宜蘭當起了全職農夫。

棄學從農的碩士女農，在當時引來了各大媒體報導。有意思的是，來到宜蘭深溝種田的一眾年輕人裡，有超過一半是女生。曾經與吳佳玲合作成立「有田有米」工作室的謝佳玲，後來成立了自己的「小鷗米」工作室。她又帶領著幾位來深溝獨立種稻的新農夫，一起組成「小農應援團」，幫忙農事的同時精進農藝。

也是在二〇一三年，長期關注同志運動的女生團體「土拉客」，因宜蘭本地女生蔡晏霖的加入，從桃園大溪搬到了宜蘭員山鄉，四個女生共同耕種了一・二甲稻田、三分半豆田和兩分菜園。二〇一六年，在臺灣學習中文的美國女孩蔡雪青也加入到土拉客，一邊種菜種稻，一邊學習臺語。

深溝及周邊幾個村落，像是科技業的矽谷一樣，吸引了許多外來年輕人闖蕩。楊文全粗略統計，倆佰甲成員有九成是外地人。其中還有一些外國人，遠從新加坡、老撾、南非、日本、美國來到這裡。無論島內島外，這些年輕人都抱著相似的理念——換一種方式生活。他們在農村這個新環境，激發了過往人生中的潛力，開創出屬於自己獨一無二的生活方式。而這些新生的生活型態，也給傳統鄉村帶來了新的生機。

## 慢島生活，半農興村

倆佰甲最早只是需要一個穀倉，就把村子裡通往臺北、羅東五岔路口上一家礣米廠租了下來。一下簽了五年合約，米賣完以後就空了下來。

賴青松介紹說，這間礣米廠曾經營了四十六年，當年是整個村子最熱鬧的地方，凡是到了繳學費、娶老婆的時候，總有農夫押著地裡正待成熟的稻米來換取現金。這裡曾經是農村的銀行，農村生活的經濟樞紐。時代滾滾向前，落後的礣米廠已不復用，這裡的繁華失落了十年。

以後這裡可以變成什麼樣？倆佰甲的六組農友聚到一起開了一次會。有人想做農民食堂，有人想做親子圖書館，有人想開一間以書換菜的書店。決定好做什麼以後，大家就直接動手做了。楊文全喜歡做木工，就買了木板鋪地。剛好團隊裡有個獲獎建築師，廁所就給他包了。還有一個女生想嘗試砌牆，大家就一起幫忙砌，砌得不夠漂亮，也沒人有意見。

半年的整理期，廢舊了十年的穀倉，第一次亮了起來。二〇一四年，深溝村的第一家書店兼菜店——小間書菜開張。它的隔壁是放著一張長條桌的農民食堂，每天早晚農夫們從田裡回來，第一站都是來這裡歇歇腳吹吹風扇，而不是回到自己家。到了晚上，農夫們聚在這裡一起吃飯，每天有輪值主廚，大家自覺把伙食費放在一個玻璃罐裡，供農夫食堂日常運轉。

農民食堂另一側是鋪著整齊木地板，擺滿圖書和矮桌的親子圖書館。二〇一四年六月我去採訪的那個下午，《女農討山志》的作者阿寶正和幾位臺北來的教授在裡面開會。兩年後再回去，親子圖書館裡的照片童書已經不復存在，那之後接手的「貓小姐食堂」已在這年五月歇業。我在這個仍舊整潔的空間裡，辦了一場新書發表會。青松大哥主持，美虹姐準備了冰鎮的水果米苔目和自己田邊的野薑花助陣。

二〇一七農曆新年後，美虹廚房在此低調開張，左邊是開了七十年的「永慶雜貨店」，右邊是農夫們的「堂口」農民食堂、小間書菜和慢島直賣所。兩間不大的農舍變幻出多般可能，被農夫們戲稱為「深溝銀座」。

更多的新鮮事業體開始在這個不到兩千人的村莊裡誕生。在「深溝五叉路口」二〇一七年Facebook（臉書）主頁上，列入的就有十一個——美虹手作廚房、小間書菜農村書店、深溝農民食堂、田文社、慢島直賣所、農田生態實驗計畫、農村藝術創作、農夫的科技氣象站、農村現象旅行導覽、宜蘭月光莊住宿、皮蛋一家共同短居。

田文社是一家駐點在宜蘭的報導社，社長Over一邊種植稻米，一邊通過社群媒體報導農村新聞及八卦。她在Facebook專頁上記錄秧苗和稗草的顏色，研究老人們談論農事時用的臺語。隨手拍倆佰甲夥伴們的生活趣事，其中記錄小間書菜老闆娘彭顯惠「第一次種菜就失敗」的圖文集，點讚人數將近九千，前後九集連載，許多陌生網友催著她更新。農村裡的趣聞瑣事，經她鬼馬天真編輯演繹後，發酵成了網路熱點，城裡鄉下的網友們都留言說好笑、療癒，順帶還出了一個新網紅。

十多年前曾採訪過賴青松的大米一直關注著深溝發展，她總說想來宜蘭住，卻到二〇一六年才決心辭職搬到宜蘭，做一檔屬於農村的廣播節目「米米之音」。

就她專業所及，臺灣的農村廣播只剩賣保健食品、藥品和萬精油，而都市的廣播也只有流行音樂、交通新聞，看不到丁點農村資訊。有感於家鄉臺中烏日農村因高鐵架設快速消散，她想要為保留農村做點事。在深溝，她看到了一個從舊農村裡長出來的新樣子，自掏腰包買來專業設備和剪輯軟體，在「貓小姐食堂」完成了三十多檔《我愛深溝》音訊節目，利用官網、YouTube傳播。第一期她策劃讓美國來的雪青和種菜達人美僑阿姨學種菜、學臺語、聊種菜聊人生，點爆網路。每週一次的農村廣播，成了新農小農們的每週話題。

單身青年來了，小夫妻背著孩子來了，退休教官帶著妻子也來了。每個來深溝務農的外地人幾乎都不曾種過田，因為他們是新手，當了農夫後，一半以上的經濟基礎都還是靠原來都市中的職業、特長，他們被稱為「半農」。楊文全很不滿有些人以半農來消遣他們種田不認真，卻忽略了倆佰甲每年以成倍的速度擴張友善耕種的面積，還實際支持了宜蘭縣政府勞工局委託宜蘭社區大學開辦的夢想新農學校，幫助培養更多友善耕種新農夫。

對於農村來說，這群半農、新農的到來，是一件足以稱為「革命」的大事。

不只是友善耕種的農夫多了起來，改善了深溝村的水質、空氣——在深溝務農超過五十年的陳榮昌阿公說，以前每到春播就能聞到空氣裡的農藥味。對他們這群險些成為最後一代農民的老農來說，看到年輕人回到鄉村務農，一掃長久來的無力感，甚至願意去改變多年來的農藥種植法，重拾祖輩的務農技藝。

越來越多年輕人的集聚，讓村子熱鬧起來，老人們感覺到務農的價值，也有更多可能性在發生。

深溝其實一直是個很特別的農村。

過自己想過的生活，是每個搬到宜蘭深溝來的人拼勁全力在做的事。這種專注又自由的氣場，吸引了越來越多人的加入。「想要做什麼，自己做，但我會陪你。」這是楊文全掛在嘴邊的名句。自己認定的事自己去做，需要幫助和陪伴的時候，夥伴們都在身旁。許多人務農都先從種菜開始，不願意從事看似單調無聊的稻米耕作，楊文全卻鼓勵身邊有興趣從農的人直接進入水稻耕種，「成本不高，種水稻才看得到現金」。大家一起在田間勞動、面對困難，需要的時候相互換工，連一塊除草也能開個「田間沙龍」。農耕是個體力活，相比技藝的學習，心靈的陪伴對新手農夫來說更為重要。楊文全說：「有困難可以互相支持，一起做事的力量能給予人很大的安慰。」

長時間共同勞作和陪伴，讓倆佰甲農夫彼此間更為瞭解、互信，也促成了一些小範圍的合作，比如曾在環教界工作的農夫小鷗與貓小姐食堂、小間書菜合作策劃的「公車小旅行」，生態學家農夫林芳儀與善用科技的創客農夫陳幸延一起合作，讓務農不只是憑經驗判斷，也變得科學起來。

更重要的合作是農業上的。

不管新農、半農幾乎都是小農。所謂小農是相對於大型機械耕種的農戶而言，大部分的小農耕種面積不到半公頃，耕種三、五公頃的能手，田塊也多半分布在各地。如果不是想要用雙手完成田間的所有步驟，就需要請求代耕機械的幫助。

二〇一四年，倆佰甲耕種水稻的第二年，就有三十位小農共二十公頃的水稻田。這對新農夫是極大的挑戰，但是在傳統的代耕業者眼中卻不是筆好生意。小農因田地面積小、許多田地未經平整，加之友善種植可能雜草較多等，需要花費更多時間。倆佰甲曾經分四組人去尋找代耕幫助，卻一個幫手也沒找到。他們只好想辦法買來二手設備完成剩下的部分。

加入的人越來越多，人多聲壯的倆佰甲，一方面可以借著共同收割、碾米、包裝、儲存等跟代耕業者議價；另一方面也發現友善耕種需要許多方便個人操作的機械，與傳統規模種植所需機械並不盡相同。到二〇一七年，深溝村所在的員山鄉近山地區，就有近百位友善耕種的小農。這近百位小農，形成了一個不小的內需市場。

有幾位小農從自身需求出發，共同投資購買了一台專業的插秧機。倆佰甲成員龔哲敬二〇一七年購買了一台收割機，楊文全新買了一輛十噸半的大貨車，為此他特意去考了大型車輛駕照。員山鄉本地人曾繁宜也是友善耕種農夫，他新投資建了一座友善耕種碾米廠。要知道當初賴青松回鄉時，因為友善耕種的稻穀多是手工翻曬，不可避免摻雜了些許小石粒，幾經輾轉才有碾米廠願意接手。如今幫忙代耕的人本身就是友善小農，他們更能想小農之所想，儘量滿足需求。曾繁宜觀察到，來員山鄉耕種的新農夫大部分是女生，一包五十公斤的米即便是男生也搬不了幾包。他計畫未來幾年建一個大大的穀倉，讓女農夫們可以在這裡放米、碾米、包裝直到出貨，不需要一包包送過來，等碾完再一包包背上卡車，扛到家裡，「不希望他們因為搬不動稻穀而打退堂鼓」。他建友善碾米廠也是為家鄉留住這些關心環境的新移民。

小農自組協力代耕系統後，大家的耕種就變得方便起來。二〇一七年，倆佰甲就總體協調三十多位小農共十五公頃田地，順利安排了收割日期與順序。除了機械，友善耕種最重要的是人力。「隨著深溝村裡年輕小農的陸續增加……就連往年需要特意商調外部人力友情贊助的米糠施用作業，如今也首次不假外求，倚靠深溝青年軍獨力完成！」青松大哥在二〇一六年六月的部落格裡，用許多個驚嘆號強調這個改變。

當年他返鄉種稻，很長一段時間，幫忙他務農的主力是年過半百的銀髮阿嬤。在地的、年輕且足夠的幫農，是他務農十多年來第一次實現。年輕的新手農夫們更喜歡親力親為手工割稻，於是多年來在深溝消失的換工傳統複又出現。紮著頭巾、戴著農夫帽滿臉堆笑的美女幫農群，則可能是深溝百年來首次出現吧。

## 快樂聚居，主動傳承

年輕人多了以後，生活變得越來越有趣。

結束一天勞作後，有的農夫想要在深夜喝一杯，於是貓小姐食堂推出深夜食堂，在Facebook上發出廣告，甚至有客人從臺北趕來。美國來的雪青中文很溜，她把美國文藝青年們習慣的「open mic」帶到宜蘭鄉間，變成「咬人麥克風」，讓更多人上台分享，唱歌、演奏、朗誦皆可——麥克風並不會咬人，不要羞於表達自己。日本沖繩來的幾位遊客，一句中文不會，卻在深溝開了一個月光莊背包客棧。每週六晚推出地道的風車拉麵，吸引了半個村莊的人，直接把流動的拉麵攤變成了party現場。土拉客成員蔡晏霖創辦的松園小屋時常會舉辦一些環保、農業、性別相關的講座、分享會，小間書菜也常有類似新書發布活動。

不甘心循規蹈矩生活的一群年輕人，點子無窮。在共用的農民食堂裡擺上一個空冰箱，呼籲大夥兒把即將過期或家中不需要的食材放進來，讓在附近務農或參與共食的夥伴們享用。這個便（ㄅㄢˋ，四聲）宜各方的「川流冰箱」，只是為了解決農夫們「這頓吃什麼」的煩惱，沒想到卻契合了歐美現在風行的「剩食」風潮，吃得健康也要吃得對得起環境。

農民食堂成了倆佰甲和深溝年輕人最重要的「新聞」現場。

新米收割後，倆佰甲七位小農在農民食堂舉辦品米大會，不同品種的米做成飯團、溫油拌飯，直接比拼米飯口感，完全不需要搭配重口味的菜。從中國大陸山西永濟農村合作社前往深溝實習兩個月的梁少雄，用麵條、餃子成功攻占農民食堂，順帶給臺灣小夥伴們做個麵食講座。每年最後一天在農民食堂舉辦「好潮」跨年趴，一家一菜寫在吊牌上，寒流中的聚餐瞬間也暖了起來。

梅雨季前後的農忙時節，每週一、三、五都有輪值主廚用自己或夥伴種的菜、米打理所有人的伙食，其他人則可以用最便宜的成本價吃到美味大餐。共勞共食的歡樂，吸引了許多路過的人。賴青松的一位穀東帶著不到二十歲的兒子來訪，小夥子拿出在餐飲學校練出的本事，在農民食堂小秀了一把。二〇一四年第一次來採訪，我在這裡吃了一頓農民主廚料理，當天掌勺的是人稱「貓小姐」的獸醫麗君。每人七十五臺幣，吃的什麼大抵忘記了，但是大家無論熟絡陌生，或坐或站圍在桌前，自由打趣、邊吃邊笑的情景卻此生難忘。好像回到小時候，小夥伴們端著飯碗站在門口聊天的光景。

快樂，是許多人留在深溝的理由。想起美虹姐跟我聊天時，這樣說過，「我跟青松說，人到中年了，不要再把對農村農業的責任扛在肩頭，你只要在這裡快快樂樂地活著，那些年輕人自然就跟著過來了。」

確實也到了新老交接的階段了。二〇一七年春分時節，秧苗剛插下不久，許多深溝的小農來到自己耕種的田邊，只是這一年有個特別的交接儀式，在神靈面前，租地耕種的小農們從賴青松的手中，接過土地實際耕種權。連租地做食農教育深溝國民小學也由校長領銜，誠心秉告守護農田的土地公，率領小朋友和老師完成交接儀式。對大部份轉場務農的青年來說，挑戰不只來自土地、技術、人手，能否融入在地才是根本問題。這場田邊的神前交接儀式，不僅表達了村莊對移居小農的進一步接納，後者也開始與這片土地有了更深層的連結。

對賴青松而言，最料想不到的傳承來自么弟樹盛。阿盛於二〇一六年夏天結束駐加勒比島國的非營利機構工作後，帶著年輕的妻子和稚嫩的孩兒，搬到了兄嫂所在的深溝村。自年幼時家道中落，兄弟倆便各自打拼聚少離多，想不到多年以後卻能夠住在同一個村子的同一條路上。阿盛仍在公益機構中任職，同時與妻子阿仙經營「皮蛋這一家」民宿，農忙時不可避免被老哥抓到田裡除草。太太阿仙卻自然走進了嫂子美虹的廚房，學習煙熏臘肉臘腸。賴青松回想起，十年前三十來歲的美虹重回老家宜蘭，就是這樣走進六十多歲姑姑家的灶腳習藝。一代一代的婦女技藝傳承，以往總帶點不由自主，到了新世紀，卻多是主動選擇。

早在二〇一四年，賴青松和楊文全就意識到，倆佰甲把事情搞大了，越來越多都市人選擇到宜蘭開始半農新生活。這年底，建立倆佰甲不到兩年的發起人楊文全就任宜蘭農業處處長，夥伴們也都非常振奮，說明友善小農夫的實作被政府看見，引為執政。也是這年底，倆佰甲首次以友善新農平台姿態廣發英雄帖，號召宜蘭各地兼顧生活、生產、生態的農業環保團體、聚落，前來深溝分享各自耕耘成果，共同探討未來新農村的樣貌，激蕩出農業新思維。

這個論壇在二〇一五年一月初召開，除了務農、環保團體，老屋改造、打工換宿、獨立書店、市集、導覽體驗，新農村運動的方方面面人才都彙集進來，給新農村想像帶來新視野。僅僅四個月後，宜蘭友善新農村論壇二・〇版本上線，再次針對新農業產銷、食農教育和夢想新農人才群策群力，配合同時期舉行的宜蘭縣「村落美學」人文生活策展，大家都意識到一個臺灣「農業新世代」已經來臨。

二〇一五年底，他們的視野放得更寬，聲音也更亮起來，邀請了日本、馬來西亞、中國大陸海南島等東亞島嶼地區的七位「志願農夫」上台開講。從深溝到宜蘭，從臺灣到東亞，農業讓許多用心生活的人找到殊途同歸的美好。這個論壇取名「慢島、開村、志願農」，寄予了深溝半農們對未來農村農業的共同想像，也揭示了他們的雄心，在下一個時代，讓農業農村翻轉地位，引領臺灣甚至東亞的生活形態革命。

未來的農村會長成什麼樣？

就在小農們對自身力量滿心樂觀的時候，二〇一六年初，楊文全因改革農舍，堅持農地農用，在臺灣總統大選前被撤換。下野的農業處長卻心態自若，回到深溝村繼續務農。他笑言經過一年群龍無首的野蠻生長，倆佰甲比他在的時候發展得還要好，說明社群已經長出了根基，甚至分化出不同的內涵。

前兩年澎湃的東亞新農村夢想曲被政治撥亂了琴弦，深溝的小農們卻不管不顧，在漫長的秋冬休耕期裡，搞出了一個慢島論壇二・〇之深溝亂彈。不是共襄盛舉的論壇，而是一如既往展現深溝人的生活——以自high為最高準則的亂彈。

二〇一七年一月十四號和十五號，在深溝最高學府深溝國小的體育館內，新農半農們紛紛拿起麥克風，分享他們的農村夢。經過四、五年的群聚，不少人從自身需求出發，找到了自己與農村的連結點，開發出一個個不同的「生活產品」。「深溝五叉路口」粉絲頁裡不斷增加的小農事業體，就是直接證明。

當了多年穀東俱樂部賢內助的美虹姐突然發現，「原來我也是個女農」。雖然田間的事主要是青松大哥操持，但她操的心一分不少。後來更在深溝五叉路口開了一間販售自己手作節氣料理的美虹廚房，連帶把穀東俱樂部帶往新的轉型之路，青松大哥說，「一家的重心也逐漸由農耕走到了料理。換個話說也就是從一級生產走到了二級加工與三級服務。讓一個原本從農耕出發的美好生活想像，透過農作物的加工與食物的節氣料理，更自然地滲透到每個人的生活之中。」多年來習慣了青松大哥拿起麥克風的模樣，看到美虹姐站在論壇上侃侃而談自己的料理之路，熟識的朋友好像看到了另外一個青松——同樣飽含深情卻更從容的農村布道師。

說是為了自high，但更重要的是吸引大家一起來high。配合論壇，深溝的青年農夫們在場外的大草皮上，舉辦了第一個市集——深溝好墟。賣菜、賣手作品、賣啤酒、賣二手雜物衣服，甚至有村子裡的街頭藝人賣藝，新興市集的理念攤位被他們形容成「農夫直銷拉下線」，心理相談攤位則是「類似江湖郎中聊聊天就要收錢」……

和臺中的合樸市集一樣，市集需要自備購物袋、環保餐具，也有環保餐具出借的攤位。論壇上前一刻還在用PPT指點農村夢的演講者，下一刻就抱起吉他獻歌一曲，或者為顧客呈上一杯手沖咖啡。他們特別強調這不是一個農夫市集或手作市集，就是以往農村的「趕墟」。只是這個新農村市集，是新農夫們「以需而成墟」，等待顧客來找到自己真正的「需」。

宣傳海報上畫的就是古早時期趕墟必備的一隻竹籃，我很喜歡海報上的那句宣傳語，「深溝村的村落趕集，賣我們的每日生產，買你的日常所需。買油鹽醬醋茶，買自栽稻米，買新鮮蔬菜。好需，好墟。」美好的農村生活想像盡在此間。

這裡有歲月靜好，也有高調亂彈。賴青松覺得，「與其說人選地，不如說地選人。」宜蘭發展農業的條件比不過其他農業大縣，幾乎沒有可能靠務農在短期內致富。加上宜蘭與臺北的地利之便，這樣的風土選擇了運動人士留下來，「他們深具改變的力量，運動性格的小農在宜蘭形成農業運動，一邊種田、一邊為土地發聲。」一場亂彈不只是自high群high，更重要是向世人喊話，看看與城市不一樣的未來，也來想像一下後農村的未來走向。

未來的農村會長怎樣?深溝人自己都無法想像。攪動這場運動的楊文全曾被多次問到，是否有一張深溝發展藍圖。他的回答是「不可想像」。其實這也是深溝讓人著迷的地方，「你不知道下一秒鐘誰又會提出什麼樣計畫，做出什麼樣的驚人之舉。目前的深溝，是一個支持著各種夢想發生與實現的場域。」

我曾問文全大哥，從農業處退下來後繼續從農可曾有高處跌落的失望。他說，「（深溝）這裡才是制高點，農業處才不是。現在全臺灣都在看這裡，這裡是全臺密度最高的農群聚點。友善耕種怎麼做到的？農村老化，年輕人怎麼回鄉？我們做到了。」他說現在的深溝媒體資訊集聚、能量超大，「臺北做不到我們這樣，這是資本主義工業化的侷限，在網路時代我們的發展更快，而這裡就是臺北的未來。」

二〇一七年，臺灣農委會明確目標，要在這一年，把臺灣的有機與友善農業面積，從七千公頃擴充到一萬公頃。深溝，確實已經走在了政策的前面。在這個農村面臨巨大變遷、結構轉型的過渡階段，倆佰甲的農夫們彼此依靠、相互激蕩，為自己的夢想追逐，為臺灣農村的未來留下一點批註。人生能有這樣的機緣，可說無憾了。

# 志願農民賴青松：把老家種回來

賴青松與「穀東俱樂部」。（作者提供）

二〇一三年，紀錄片電影《看見臺灣》風靡臺島，高空俯拍下，壯美的自然美景和醜陋的環境破壞，一覽無遺。有人說，這個紀錄片裡沒有人的故事，稱不上真正的紀錄片。我卻在紀錄片尾聲短暫的介紹裡，抓住了一個叫「賴青松」的名字。

「留日碩士回鄉務農」的戲劇衝突，讓習慣了媒體思維的我，從電影院出來，直接上網谷歌他的故事。

從日本岡山大學環境法學碩士畢業後，賴青松帶著妻兒回到妻子的家鄉——臺灣宜蘭縣，租下幾塊田地，

賴青松在田裡工作，心甘情願做農民。（作者提供）

開創了一種新型的穀東俱樂部模式，客戶預約購買，傳統的農夫角色轉變為城市人雇傭的田間管理員，領取固定工資，不僅保證了銷售管道，還將「看天吃飯」的風險與客戶共擔。

微小的創舉裡，隱藏了太多的疑問。

為什麼留日歸來的碩士會選擇去給別人種田？這樣有意思的「穀東俱樂部」是怎麼想出來的，為什麼大家都願意配合？這樣的模式，可以複製推廣嗎？

二〇一一年TED臺北場演講上，賴青松在一開場就說，每個人都會問他這個問題，「你，為什麼要回來當農夫？」雖然他不無犀利地反問，「這個社會很荒謬，當你要到都市去努力、到國外去打拼，沒有人會問你理由，大家只會問你，準備夠了嗎？」

可是下一次，再面對同樣的問題，他還是會從頭慢慢說起。我也是重複問他這個問題的人之一。

## 鄉下留學

賴青松一九七〇年出生於臺灣新竹縣新竹市，是家中長子。他出生後的十年，正是臺灣經濟起飛的那十年。從臺中大雅鄉下走出，經營汽車裝潢生意的父親，在那波浪潮裡，開始做起外銷生意。家境日益豐裕，和其他城市小孩一樣，賴青松吃著麵包牛奶、玩著遙控汽車度過了童年時光。

十一歲那年，父親的外銷生意失敗，涉嫌詐騙外逃。一家四個尚未成年的孩子，倉皇中被不識字的爺爺全數接回臺中鄉下照養，那個原本只有過年時才會回去的小村落。

還沒等他回過神來，一頭水牛就交到了他的手上，在鄉下，這個年齡的孩子是最合適的放牛娃。剝甘蔗葉、醃蘿蔔、拔草、挑大糞，每個季節的農活接踵而來，沒有經過任何培訓，賴青松和他的弟妹們都要上陣應付。他第一次扛起鋤頭，就在左腳拇趾豁開一道口子，大妹第一次拿鐮刀割稻子也縫了好幾針。插秧的季節要幫忙推秧車，收割的時候，怎樣用獨輪車把沉甸甸的稻穀推回米倉，是瘦小的他最大的煩惱。

上廁所沒有衛生紙，只有阿公自己種植加工的洋麻稈，沒有抽水馬桶，一牆之隔是小豬仔們發出的嘟囔聲。賴青松說，從城市回到鄉下的那一年，就像鑽進了哆啦A夢的時光機，一下回轉到三十年前的臺灣。

但相比起繁重的農村勞動，一夜間失去父母羽翼保護的小孩，更害怕再次流離失所。在灶角生火的青松，無意間聽到親戚們碎嘴，「這個老三（賴青松的父親）賺了錢也沒見幫忙家裡，現在為什麼替他養四個小孩？」賴青松當下只能想，明天要去到哪裡，他甚至連現在這所學校的轉學手續都還沒有辦好。在一片嘈雜中，爺爺一句話鎮住了全場，也安定了他的心，「你們都說完了沒？咱家吃飯不差加幾隻碗筷。」

賴青松說，人們常說起背影，他想不起來父親的背影，卻記得爺爺騎著大台鐵馬，帶著他到學校為遲繳學費說情的背影，「像山一樣。」

城市裡，破產的一家人，只有燒炭自殺一條路，可農業、農村，不只承接住了一個瀕臨破碎的家庭，還給了他一個豐富單純的童年。田間菜圃的勞動之餘，蟲魚鳥獸取代遙控汽車，成為孩子們最生動的玩伴。直到已為人父，他還忘不了在爺爺荔枝園裡一鋤挖出的那隻扁鍬形蟲，在他眼前溜進泥土的小烏龜，更不用說菜園枝頭總也吃不完的荔枝、龍眼、蓮霧、楊桃、土芭樂……

一年過後，父親把一串孩子從臺中鄉下接到最繁華的臺北。這個已經習慣農村安靜生活的孩子，再次被扔進了一個只有上課、補習的世界，聲色嘈雜，卻沒有了任何色彩。

賴青松說，他此後到國外留學、旅行，都沒有那一年「鄉下留學」帶給他的「文化衝擊」那麼深刻，探索自己的歸農之路時，他總把這一年當做是最原初的起點。就像是把小菜苗從苗床移植到菜圃那樣，雖然會經歷根鬚斷裂的痛處，但定植之後，新生的細密根系，會緊緊地把自己與土地連為一體。

## 歸農之路

留日歸來後，賴青松說，當農夫不再是流離失所下無奈的選擇，其實也是一心希望找到有自己味道生活的他，心底裡最後一個選擇。

十一歲那年的「鄉下留學」時光，給他注入了一個城市的抗體。從全臺最好的男子高中——建國中學畢業後，升大學時，他把志願從最南部一路往北填，就是想要逃離車多人多考試多的臺北。最後考上了位於臺南、排名全臺前列的國立成功大學，攻讀環境工程。他望文生義地以為，那是一個既可以有經濟能力支撐自己，又可以關心環境的專業。入學後才發現，環境工程的主要就業方向是治理環境，換言之，先有汙染，才有治理。旁聽了別系開設的「生態學」課程，發現這才比較符合自己心中的理想生活景象。

而此時正是臺灣環境問題大爆發的年代，「反公害運動」隨著一九八七年戒嚴令解除，開始進入到最高潮。這個關心環境和生態的青年，參與了臺灣環境保護聯盟的各種營隊與田野調查。桃園縣觀音鄉的鎘米汙染事件、核電廠的核廢料處理、核安全等問題，讓他發現，臺灣經濟的快速發展，對土地造成不可逆的嚴重傷害。「天地生萬物以養人，人類為何有權力傷害自然環境至此地步？」這個二十歲出頭的青年，衝上街頭遊行、靜坐，深刻地參與到各地環境抗爭運動的現場。

參加高雄後勁地區居民反對第五輕油裂解場的抗爭運動時，他看到的是資本與農民的嚴重對立，製造汙染的中國石油公司在高牆之內，為員工架設了健身房、游泳池、圖書館和綠地公園，高牆之外的後勁農民除了面對徵地的壓力，還得繼續使用已經被石油汙染的地下水灌溉農田，這樣種出來的稻米，連農民自己都不敢吃。

大學畢業後服完兵役，他到宜蘭的森林小學當過環保教育的活動輔導員，也到「臺灣生態研究中心」擔任過研究助理，而後進入臺灣主婦聯盟「共同購買中心」，高升至副總經理，中間曾前往日本東京生活俱樂部生協學習。每份工作他都做得不長久，在主婦聯盟兩年半打卡上班的日子，「此前沒有，此後也再沒有」。直到最後落腳宜蘭，成為一位志願農民，他一幹十年，而且，他準備做到自己不能下田為止。楊照曾說，做農民不是青松的職業，而是他的志業。

如果仔細追尋他二、三十歲的這段人生軌跡，會發現穿引其中的線索始終是歸農、返鄉。

二〇〇六年，賴青松回來全職從農的第三年，他在一月份的手繪「穀東米報」上，很認真地回答了這個被問了千百次的問題，「為何選擇回莊腳作田？」童年的回憶，祖孫間的生命互動，或者對城市的反抗都可稱之為緣起，但若只能選擇一個理由，他說，「找尋一個屬於自己生命的節奏，才是心中最真切的想望」。這個想望裡，幾乎像烏托邦一樣地複製著古早農村的生活，隨歲節而春播、夏收、秋慶、冬聚，有田有蛙，有鳥成群……

隱藏在這浪漫想望背後的，是他們這代人無法迴避的時代背景，過度的工業化嚴重汙染了生態，毀壞了家園；單向度的「發展」指標，讓生活變得那麼乏味，「如果東京就是臺北未來的樣子，我已經看過，這不是我想要的生活。」

儘管他說，「要救世界，可能來不及；要幫忙臺灣，非我之力所能為」，只能選擇自己想做的事情，但如何重建臺灣生態、找到新的農村社區可能性這個大問題，始終都縈繞在這個對鄉土有情感、有責任感的臺灣年輕人身上。

《看見臺灣》上映時，正好是賴青松棄業歸農的第十年。

二〇〇四年，兩年環境法專業修習完畢，導師很希望他能留在日本繼續讀博士，身邊朋友也相勸，讀個博士至少可以給自己一條退路。妻子美虹問他，「拿到博士後，你想做什麼？」他慢慢吐出一個答案，「我還是想回臺灣當農夫。」

「那你現在就可以回去了，你有把握三年後還拿得起鋤頭嗎？」妻子這句話點醒了猶豫的丈夫，兩夫妻帶著一雙幼小的兒女，再次回到宜蘭，落腳在向朋友租來的漏雨農舍裡。

## 早上在翻譯，下午拿鋤頭

這不是他們第一次回到宜蘭務農。

二〇〇〇年，三十歲的夫妻倆，為了讓年幼的女兒可以接受臺灣第一所華德福學校——宜蘭冬山鄉的慈心幼稚園的教育，舉家從臺北搬到雪山山脈那一頭的妻子故鄉。一個月六千塊臺幣租下一個四個房間帶小庭院的房子，推門即是農田，旁邊一條清澈的湧泉，釣上魚就可以燒來吃。

因為認同華德福學校沒有課本、快樂學習、配合生命節奏的學習理念，賴青松一邊做著翻譯，一邊在學校擔任日文老師，同時也在學習華德福的生機互動農業課程。

得知長居臺北的岳父在宜蘭縣員山鄉還有兩分半田地，賴青松主動借來準備種點蔬菜，這是他最早開始踐行後來人們所說的「半農半X」生活。一分地的蔬菜足夠一家人吃，每每有多，他還會用木箱裝好，送到學校的辦公室販售，成為幼稚園第一位非正式合作的農夫。三、四歲的女兒宜蓮，每次聽到爸爸的車停進自家庭院，都會跑出來看，今天爸爸又帶回了什麼好吃的菜。那一刻，賴青松感覺到女兒開始接近自己曾有過的童年。

到了三月農播季節，旁邊農地都開始播種育苗，「另外一分半地不好放來長草，只好也跟了。」

再沒有阿公在旁邊指點該做什麼了。第一次，賴青松要全面接管一分田地。

頭一天，他扛著鋤頭去挖排水溝，引來了路過友鄰圍觀，眾人不可思議地議論，這是誰家的女婿，他扛鋤頭的樣子就是個城裡人的樣子，不用農藥怎麼可能種得了田。那天他一邊和大家聊著天，到日落，水溝只挖了十公尺。

雖然是個菜鳥農夫，他卻獲得了前所未有的滿足感。有一天傍晚收工回家，開過蘭陽溪，他發現自己竟然在唱歌。「為什麼我早上在翻譯，下午拿鋤頭，工作一整天，身體反而更舒服、更放鬆？」

## 年輕人，田種得不錯哦

挫折不斷，靠著親朋好友的指點，當年倒收成了一千臺斤稻米，他們不清楚這樣算多還是少，在自己庭院曬稻穗時，隔壁嬸婆看到說，「年輕人，田種得不錯哦」，才知道自己的收成算是不錯的。

但一下收了這麼多穀子，也變成了不小的麻煩。種的地有限，收成不到烘乾稻穀的最低限量五千臺斤，只好自己曬穀，又因為露天稻埕曬穀會有小石子，碾米廠不給他們碾米，只好自己碾。碾好的米把客廳變成了米倉，夫妻倆忙著分裝成小袋送給朋友，剩下的一半則通過華德福的家長網路，賣給了朋友的朋友。

像試驗產品一樣的「青松米」，在磕磕絆絆中打出了自己的品牌，第一位買米的媽媽寫來電郵：「讀著青松米手箚，望著黃澄澄的米粒，彷彿看到太陽的能量飽滿的蘊藏在其中。能吃到這種米真是一件幸福的事，要分外感恩、珍惜，謝謝你們的努力和用心！」

只是無論是蔬菜還是稻米，一年下來核算成本，賴青松發現油錢、肥料錢都超過了收成所得，只能無奈地得出一個結論，「縱使我對務農有憧憬與夢想，這事打從開始就不能幹了……完全不賺錢，完全是流血輸出。」

理想與現實無法保持平衡，生活再次陷入僵局。

他決心再次出去看看，當時已有家累，雖然也考慮了以色列的集體農場，或是澳洲的生機互動農場，但都沒有去成。最終，在學長的幫助下，他以最便捷的方式再赴日本，攻讀環境法學碩士。

## 穀東俱樂部

學成之後再次面臨就業，也就有了上面那段對話。

此時出現了一個難得的契機。賴青松在主婦聯盟工作時便相識的忘年交何金富先生，通過農會關係在宜蘭租下田地，還募集了一群都市的消費者，約定以「預約訂購，承擔風險」的契約種植方式，支援友善耕種、無農藥種稻（此方式在臺灣被稱為「自然農法」，區別於施化肥、農藥的「慣行農法」）的小農。

還在日本的賴青松，受託為「穀東俱樂部」草擬了第一份穀東招募說明。穀東，取諧音「股東」，消費者以每穀一千五百臺幣（每臺斤五十元／每穀份三十臺斤）的方式加入穀東俱樂部，聘請田間管理員管理田地，同時也像承擔股市風險一樣，共同承擔因為天災或管理引發的可能的減產風險。

「『穀東俱樂部』是誰的構想，為什麼消費者都願意信任你這個菜鳥農夫？」坐在青松大哥住家後院，喝完一碗茶水後，我問了他這個問題。他把功勞歸給了何金福先生的全力背書，因為第一批穀東大部分是他的朋友，他向朋友們擔保，這個青年值得信賴。

第二次，在他常帶著來體驗種田的年輕人去的麵館，我再次追問這個問題，他給我講起一個長長的故事。

「穀東俱樂部」最早的發想來自於日本「生活俱樂部」（Seikatsu Club）的共同購買理念。一九六〇年代的東京，一群為了對抗大型資本的家庭主婦，集結穩定而持續的購買力量，直接與生產者議價或要求更理想的品質。如果生產者願意採用自然農法耕種，主婦們願意支付更高的價格。這種集結共同購買力量，用消費改變生產的消費合作社，不僅生存下來，還不斷發展壯大。

正在服兵役的賴青松，經由在新加坡求學的二妹介紹，認識了她的同學——日本神奈川生活俱樂部派駐新加坡的兼職留學生石井先生，才知道「世界上竟然有這麼有意思的組織，既能營利為生，又能夠推廣各種環境保護運動，這豈不是太理想了嗎？」經由石井先生，他得知當時臺灣已經有一個相同理念的主婦聯盟。

進入主婦聯盟工作後，他非常幸運地中選兩家機構合作的研修計畫，在一年半的研修時間裡，他到訪生活俱樂部在各地的單位社和合作機構，訪談共同購買路線上的各類型當事者。回來後，他加入主婦聯盟「共同購買中心」，兩年多的時間裡，除了在城裡奔波往返配送，賴青松最懷念的時光，還是在全臺各地，山林漁村，為消費者物色合適的合作農民。

「穀東俱樂部」之「俱樂部」就是來源於「生活俱樂部」，只是共同購買的品目精簡為最低，只有稻米一項。

## 重建土地與人的關係

「田間管理員」的概念，讓仍想要種田的賴青松，可以在理想與現實間求得平衡，月工資從一開始的三萬五千元漲到了五萬元，相較臺北白領階層，收入水準也屬中等偏上。但「穀東俱樂部」的成立，似乎並不只是為了賣米，或者獲得一份穩定的收入。

從招募穀東的口號「相招來種田，讓都市人也能吃到自己種的米」，以及穀東與田間管理員共同裁量田間事務的設計，就說明了賴青松更寄望連接起消費者和生產者，持續互動，互相支持。

賴青松很清楚，他的穀東裡，有很多人跟他一樣，想要歸農卻沒有足夠的勇氣，他把田間事事無鉅細寫出來，也在不同的階段招收志工來幫忙，比如拔草、挑糞、施肥、滎草，每一步都盡可能讓他的穀東參與進來，感受種田的苦與樂。

為了提高稻米新鮮度，他會新碾一批米，以小包裝形式配送給穀東，連同的還有他每月手書的一份「穀東米報」，包含當月「農事報告」，種田過程中他有感而發的「田間絮語」，不時還會刊登穀東的回饋，還有他的手繪塗鴉。

農事報告、田間絮語，不只是簡單的公開無農藥種稻的過程和所需花費，而是記載著他在種稻過程中與颱風、水鳥、蟲害甚至水鹿鬥智鬥勇的故事。消費者可以從這一份米報上，看到一粒米從發芽、幼苗、抽穗到收割、碾米、端上餐桌的整個過程，字裡行間流出的是賴青松對土地的珍愛，他謂之「老老實實作田」。所以當每年都會光臨的颱風襲擊臺島，以往總會期待颱風假的都市人，開始掛念在宜蘭的那片田，還有耕田的那個朋友。

為了重新建立土地與人的關係，賴青松大部分的田地交給機器代耕，保留小塊的田地，在每年的春耕、秋收設立了插秧祭、收割祭，請來同吃一碗飯的穀東及家人，參與插秧、收割，讓他們親身體驗腳踩在泥土裡的感覺。在每次插秧、收割前，他都會帶著穀東朋友來到當地的寺廟拜拜，讓都市人也有機會感受到農民與天地之間那種真實的互動，這與他幼時在阿公家看到初一、十五祭天地敬鬼神的習俗，是分不開的。

下半年的休耕期，他會帶著孩子訪問各地的穀東和農友，也趁機預收下一年的穀金，準備第二年耕作的面積；冬至日，則傳承老傳統，聚集家人和穀東朋友，一起吃親手種的稻米，自家種出來的糯米做成的湯圓，自己醃製的臘肉……

## 我只是想下田而不是當老闆

「穀東俱樂部」發展初期，因為是第一次試驗這樣的生產者與消費者關係，「信任」顯得尤其重要。

剛開始耕種半年，賴青松發現宜蘭實行的是一年一收，這個菜鳥農夫沒有將休耕期所需的人事費用計算進成本，不然，他就要像其他農民一樣，在休耕期出外打工。於是，急急召開穀東大會，要求調漲價格。種田的第四年，耕種的地點從原來的東山鄉轉移至家附近的員山鄉，因重新摸索適當的耕種方式，造成身體過度勞累病臥，當下決定減少耕種總面積，造成單位產量的成本調漲。

兩次漲價都沒有嚇跑穀東，反而因為他的務實，讓更多人慕名前來要求加入他的穀東俱樂部。一開始，穀東們深入到俱樂部的各方面運作，從田間耕作中遇到蟲害幫忙查詢資料，幫助建造新穀倉和管理員農舍。

「青松米」的名號越來越響，種植的面積也愈來愈大，有一些穀東開始出謀劃策，認為「穀東俱樂部」可以在競爭激烈的有機市場中，闖出一片天地，像別的有機品牌一樣，送進百貨公司、超市架上。另一面，周邊的村民也都認為，他種五、六甲地僅夠一家四口溫飽，想要賺錢，最好趁機擴大耕作面積。

此時，賴青松卻選擇了剎車。二〇〇九年，他把「穀東俱樂部」更名為「青松米穀東俱樂部」，而不再是全臺灣唯一的那個「穀東俱樂部」。取消了「田間管理員」這一職務，讓穀東和他重新回到消費者與生產者兩端，只是仍沿用預約訂購的模式，自己則獨自承擔了天災風險。「我的初衷就只是想下田，而不是當一個老闆，雖然已眼見到穀東俱樂部出現了擴充的機會，但不適合我。」

十年過去，他的種地面積仍然保持六甲。這個適可而止，向後一步的決定，不僅讓他保留了當農夫的自由，也有了選擇「放棄」的自由。

當一個人開始實現自己的夢想，怎樣堅持下去，反而成了一個問題。

更多人知道他在做的事後，他曾被許多學校、機構邀請去演講。剛開始大家都想要知道他為什麼去務農，後來許多學校邀請他去做生命教育，他自嘲道，老師們可能想讓學生知道，「這個人回去種田都不會死了，大家（再難）都不用擔心，不需要自殺。」

## 種下田，放下心

這些年，賴青松從種田中領悟到，種田就是種心，把稻子種下去，就要把心放下來。

當他是受雇為朋友們種田的「田間管理員」時，常懷著做不好對不住朋友的道義責任，整天都在田裡奔忙，妻子美虹想起那段日子就直搖頭，「以他的拼勁，真擔心他『做死』。常常今晚才花了氣力把田埂做好，隔天下一場大雨，一切重來。」

那時，他很難接受老天爺一時晴一時雨的無常，有一年颱風過後，稻子倒伏了大半，他無語問蒼天，「Why me（為什麼是我）？我比別人更認真、我比別人更打拼，我下重本用有機肥，稻子怎麼可以倒？」

這種責任感發展到極端，是在二〇〇七年。那年酷暑，臺灣熱死了好幾個農夫，因天候原因，又不施農藥，那年田裡雜草特別多，賴青松請不到幫手，只好自己除草，採用的還是傳統的挲草方式，把雜草拔起用手腳踩進泥裡，變作肥料。這一項活做完，他累到發燒，感覺天旋地轉，好幾天下不了床。

這一次，他決心降低預購量，減少種地規模，找回農事生活中的那份餘裕。

## 接受「看天吃飯」的無常

和穀東回到了更單純的生產者與消費者的關係，他終於可以不再為他人拼產量，收穫不好，可以自己承擔，收成多，可以轉做零售，也更能接受農夫「看天吃飯」的無常。

如今，他總是會向人講述他的「七十分主義」，所謂「三分天註定，七分靠打拼」，到了他這裡，更注重老天手中的這三十分。無農藥耕作，只能通過控制水量這些手段來防治雜草、福壽螺的侵害，但「農夫不給水，老天也會落雨，農夫只能隨時準備好應付無常。」

以二〇〇五年和二〇〇六年的「穀東米報」為基礎，賴青松出版了《青松的種田筆記》一書，看完這本書，深深地明白農夫的無奈。從育種、抽芽、插秧到抽穗、收割的過程中，可能出現各種各樣的災害，最後收成的穀子因每塊地、每一年狀況也都不一樣。每次災害發生，稻穀品質不一的時候，都要從頭回推每個關鍵時期的耕種手段、給水量、甚至颱風是從哪個大洋吹過來，就像偵探探案般艱難。

看完他頭一、兩年的田間「探案」經歷，才能理解他對自己的界定——凡事用力太猛。有很多人和他一樣，並不喜歡考試，卻能考上最好的中學，覺得上大學什麼都沒有學到，還是堅持著把畢業證拿到手；最後去日本念環境法學碩士，其實目的也不是求學，而是藉出國反省一下自己，結果還是拿了個「優」；更別說那些寄託了朋友、社會期望的事情，不做到「最好」，就會問心有愧。

在他們心裡，總有一把尺，對別人嚴格，對自己更嚴。「放棄」，這個詞從來沒有出現在他們的字典裡。但他快樂嗎？即便是做著自己最喜歡的事，當心中總有一個標杆的時候，很難快樂得起來。

就像一九九六年他到主婦聯盟共同購買中心任職時一樣，因為他是全臺灣第一位被派到日本學習共同購買的研修生，覺得有必要做到最好，每天不是在尋覓新的訂購會員，就是在去產地考察、洽談的路上。

有一天凌晨三、四點，他從桃園山村驅車下來，因疲勞駕駛，竟然衝到對向車道，直逼一輛大卡車，最終幸運地避開卡車和緊跟在後的汽車，一路滑行才停到了路肩。那幾秒的時間，他以為自己一定死了，甚至出現了人瀕死時的倒帶景象。幸好最後人毫髮無損，而奇妙的是，等他恢復理智下車查看時，發現卡車和汽車都早已離去，彷彿沒有人在意方才他才與死神擦肩而過。這個像神啟一樣的事故，讓他決定辭去工作，找到屬於自己的那部分生活。

講到「放下」，他總是搬出太太美虹的「快樂」哲學——做事不要太用力，放輕鬆可能得到更多。

## 太太的快樂哲學

青松大哥說，如果沒有太太，他很難像現在這麼快樂。

他的太太像個天生的哲學家，做什麼事都不著急，從來不擔心明天，每天都很快樂，「後來我發現，她不快樂的時候，都是我咄咄逼向她的時候」；而每當他迷茫不知如何抉擇的時候，她總能一言驚醒夢中人。

第一年做插秧祭的時候，他急得睡不著覺，「要是來的人很少，插不完怎麼辦？」美虹說，「就算只有一個人來也要接受，把它變成一次有紀念意義的插秧祭。」

從日本念完碩士回來，得知他要回去當農民，母親擔心得三天沒闔眼，父親氣得跟他斷絕聯繫，他多麼期待這個讀書最好最聰明的兒子，能夠有出息，光耀門楣。臺北長大的妻子，卻只是收好家當，帶著兩個年幼的孩子，跟他搬到自己也陌生的祖地。

剛開始也有人問，「你家那位怎麼會願意跟你住鄉下，過這種種田的日子」，久了會發現，也許美虹比青松更適合住在鄉下。她鑽進傳統市場，沒有兩、三個小時出不來，她知道哪裡又擺了新攤子，每個季節流行的時令食品加工品，那些可以帶回家加工的醬油黑豆、糯米、醃漬嫩薑……更是讓她和周邊的婆婆媽媽有了不少共同話題。

青松種稻，美虹做食材加工品，從「青松米」的穀東口碑相傳，後來在宜蘭深溝的「小間書菜」還能看到「美虹的手工廚房」這個「專櫃」。

《青松的種田筆記》裡，講述了美虹跟鄉下阿姑學做醬油的故事。鄉下人家也早已經習慣到市場、超市買醬油，得知城裡回來的一家人要自己用黑豆熬醬油，周邊的婆婆媽媽們勾起了久遠的回憶，一早就過來幫忙，各自帶著漏斗、紗網、玻璃瓶等道具來助陣。老一輩在傳承手藝的過程中證明了自己的價值，年輕一輩則在勞動中感受到幸福的滋味，希望自己的孩子將來回想起醬油裡阿姆的味道。

二〇一四年六月，我去拜訪青松大哥時，看到他的丈人一家也從臺北搬到他們對面來住，幫忙照顧屋前屋後的果樹花草。而青松大哥的爸爸，在臺北開了家小店，入口的玻璃門上，貼滿了有關他的報導，見人就說，賴青松是我的兒子。

青松大哥說，堅持了十年，什麼不敢想，以為不會變的都變了，當初那麼強硬反對的父親接受了他這個兒子，不見容兒媳的媽媽現在逢人就誇，這個兒媳不但能持家，還能下田，自己都做不來。

## 真的把老家種回來了

十年，日子好像年復一年地在春耕、夏收、秋休、冬藏中度過，一些細小的變化卻開始積蓄起力量，在慢慢改變他們棲居的員山鄉深溝村，甚至宜蘭、整個臺灣鄉村社會。

十年前，那些嘲笑著「不施農藥怎麼能種稻」，等著看他的笑話的村民，慢慢開始接受他的耕種方式，願意把地主動交給他耕作，有約十戶的農民甚至開始放棄慣行農法，改用自然農法種田。

十年來支持青松的約四百戶穀東中，有十幾位開始效法他，放棄城市的工作，來到宜蘭種地，其中一位從最開始支持他的楊文全大哥，二〇一二年底在深溝村成立了「倆佰甲」小農組織，目標是在二十年內培養一百個小農開展友善耕種，「一人兩甲地，就有倆佰甲了」。到二〇一三年，他們已經募集了八位，還不斷有人上門來。

還有更多年輕人加入到「返鄉歸農」的大軍中，由農陣支持的五、六位大學生，二〇一二年開始在宜蘭成立「宜蘭小田田」穀東俱樂部，還幫助地主陳阿公在網路行銷「阿公米」，直接促使阿公改作自然農法。二〇一三年，其中一位女碩士吳佳玲休學歸農，曾引發媒體的大幅報導……

就像賴青松說的，都市最大的特質是善變，來得快去得也快，農村看似保守，但一旦發生變化，就是澈底而長遠的改變。

二〇〇六年，因為親戚收回租給他們的房子，青松不得不起造一棟自己的房子，在那年九月的穀東米報上，他取了個標題「把老家種回來」。如果說，當年僅僅想要建一棟自己的房子，如今，用十年深耕，他真的慢慢實現了當初的那個夢想，把十一歲時就種進心裡的那個老家，那種農村生活，種了回來。儘管，來路方長。

二〇一一年的TED演講現場，他曾說返鄉歸農最大的動力，是希望能給他的孩子一個故鄉。何謂故鄉？就是「一個他受傷、低潮、人生需要有人關懷的時候，一個認得他的，一個他真正屬於的地方。」

在演講的最後，他說要給大家一個鼓勵，「即使（夢想）是當農夫，只要你心甘情願。」然後脫掉外套，轉身，露出T恤背面四個大字「志願農民」。

# 小間書菜：在鄉下找到更多的人生可能性

江映德的人生突然卡關了。

二〇〇八年環球金融風暴後，他服務的股票公司開始大幅裁員。他是十九年的老員工了，資深的金融軟體工程師，刀沒有砍在身上，分紅、福利卻大大縮水。幾乎前半生都在為這家公司效勞，也沒想過跳槽、換跑道，突然就「待遇變得非常難看，卻一點辦法都沒有」。不甘，又不知道出路在哪裡。

原本就是不善表達的人，上班變得索然無味，他應付著。在臺中家裡本來有一小塊菜地，他開始每天去菜地種菜、拔草，一待一整天。後來他索性租了一小塊田，做起半日農夫。

太太彭顯惠是個急性子。看著他一天天消磨著，田種了一年多，二胎女兒鳳梨都在這期間落地了。終於忍不住問他，下半輩子你想做什麼？既然這麼喜歡在田地裡待著，要不要當農夫？她是著急了隨口一問，一向沉默的他竟然脫口而出，「好啊。」

「我覺得很驚訝。他本來是個很循規蹈矩的人，一生都平平順順符合社會的期待，大學畢業後就在全臺前五百的大公司上班，然後安穩地結婚生子買房，一直也沒有特別想做的事，從來沒有冒險過。」顯惠說，映德考慮了一晚上後，隔天起床就跟她講，想好了，以後想要當一個農夫。至於去哪裡，怎麼當，完全沒有想法。「我當然支持，他花在冒險上的成本太少了。」

## 抱著小女兒找田種

冒險。這個詞冒出頭，夫妻倆抱著襁褓中的女兒就開始四處找田找地耕種。因為映德是彰化人又是在臺中念大學、工作，他們就沿著臺灣西部一路去了農業大縣雲林、嘉義。幾經輾轉，沒有找到強烈的連接感。他們決定去東部，到宜蘭找賴青松。

幾年前，在室內設計公司上班的顯惠，曾經和同事一起認購了一穀青松米，用的是同事名字。可惜那時候大家都是單身，幾乎都不在家煮飯，米生了蟲子，覺得很對不起青松大哥，之後就沒有繼續認購。多年前的緣分，喚起了顯惠的記憶。

二〇一三年春，夫妻倆在婆娑的春雨中踏進宜蘭，臺北女孩顯惠忽然就感覺到了福至心靈的平靜。「這是一種說不出的感覺，人會在哪個地方生活，是互相吸引的。大概就是死文青個性吧。」高高壯壯的顯惠，一臉小孩的淘氣模樣。

找到青松後，他們直接說想來耕種，問青松大哥可有田引薦。青松大哥很客氣地拒絕了，老農們對自己的田都很愛護尊重，不想給不認識的人耕種。「他們應該是看映德太書生，不太像做粗工的人。」顯惠笑說。夫妻倆被打槍以後也不覺得受挫，「有一種不會離開，還是會見面的感覺。」於是他們在宜蘭三星鄉，找到一處房子，準備定居下來。

這次找房子的經歷，讓他們第一次體會到在鄉下不能用都市人的思維行事。在宜蘭市區或繁華的羅東鎮，或許還能找到仲介公司幫忙租房，到了鄉下，農民寧願房子和田都空著，也不想租給不認識的人。鄉村是一個很重人際關係的地方，顯惠說，自己也不知怎地，變得大膽起來，抱著一歲不到的女兒鳳梨在三星鄉下一間間按門鈴，問是否有房子出租，似乎鐵了心要留下來一樣。也許是女兒肉乎乎的小臉起了作用，他們居然靠按電鈴找到了一處居所。

內心裡仍是憂心生計的，顯惠在臺北找了一份設計工作。每週四天往返雪山隧道兩頭的城市和鄉村。大兒子權佑已經上小學，映德用背帶背著小女兒四處去問有沒人有願意租田給他種。這比找房子要難得多，「根本沒人理你。」如此堅持了一月餘，顯惠在網路上找同是友善耕種的人，意外看到了倆佰甲的新聞——有這樣一個新農育成平台，剛好就在宜蘭。他倆興奮不已，當晚就在Facebook上找到倆佰甲粉絲頁，私訊發出後馬上就收到了負責人楊文全的回信。

這樣，他們就算找到組織了。

## 異鄉人的歸依感

加入倆佰甲，他們認領了半分地和一塊小小菜園。種菜耕田，日子好像跟前兩年在臺中的時候沒有很大差別。實際上一切都變了。

在田地都還沒著落之前，他們賣掉了臺中的房子，第一組客人出價就出手了。沒想過留退路也沒有什麼不安，顯惠說，婚後他們在臺中生活了六、七年，卻始終沒有久居的念頭，到了宜蘭，一切好像都是對的。在宜蘭，他們都是異鄉人，卻因為說不清的歸依感，想要把這裡當成故鄉。

二〇一三年三月，剛搬到宜蘭的顯惠開了一個叫「小間書菜」的部落格，

小間蔬菜店面小小的，販售商品是自產的，很溫馨。（作者提供）

第一篇文章寫道：「我們有一個夢。有一間小店，門口販賣自家種的有機蔬菜，門口進來的左手邊是一整面的二手書牆，右手邊是幾張四人桌，客人可以享用自家蔬菜製作的餐點，喝果汁聊聊天。如果可能的話，我們也希望能有小庭院，種上幾棵果樹，這樣下午的斜陽照下來，可以有光影搖曳的感覺。」

原本預計用三五年來實現的夢想，沒想到搬到宜蘭的第一年就實現了。

加入倆佰甲後，夥伴們常常聚在一起，討論農事和夢想。雖然晚了點，映德的禾苗還是在當年的四月種進了租來的田裡。文全大哥問顯惠，她有什麼夢想。她說想開一間書店，夢想中的有書有菜的書店，一小間就好。

那一年八月，倆佰甲租下深溝村五叉路口的新順益碾米廠，用來做農友穀倉，稻穀賣完，就空了出來。文全大哥問每一個人對這個空間的想像。顯惠說，如果以後臺北的工作不做了，可以來開一間書店，幫忙賣米。文全大哥問，可以早一點實現這個願望嗎？剛好那年顯惠突發腦溢血，險些中風，長期奔波的工作對身體不太好的顯惠來說是很沉重的負荷。

二〇一四年一月十八日早上十點，小間書菜開幕。一間有書有菜，還可以用書來換菜的農村書店。

以書換菜的靈感來自她第一次在鄉下居住的新鮮經歷。有天，她在宜蘭三星鄉的租屋旁散步，隨手送給鄰居一袋自家種的小黃瓜，隔天鄰居就送來了自己醃的脆瓜。禮尚往來的鄉情讓她想起小時候看過的《伊索寓言》裡的一個故事，農夫用稻草交換到了一座城堡。「只有在我們這個環境裡，可以做（交換）這件事，新手書店那樣都市的環境，做不到。」

顯惠也坦誠，這樣做也是一種困境求生的手段。開在偏遠農村的書店，店面又小，出版社和經銷商都很清楚你可以承受的量，「最多三本就算是大量了」，加上運費這些，沒有出版社願意寄新書給你。二手書店似乎是最好的選擇，但是她一邊要帶著當時七歲的兒子和一歲的女兒，先生映德每天都要耕作，也不可能載她去收書。正好自家種著米和菜，不妨請消費者帶書上門來，「你帶書來，我給你換菜和米。」

並不是每一書都能得到老闆娘的青睞。既然都已經選擇到鄉下來生活，她更想要按照自己的心意生活，「只想開一家看自己書的書店。」

顯惠患有先天性心臟病，六歲那年做了一個大手術，休養了一整年。在那個沒有電腦、電視可供消遣的年代，書成了她最好的陪伴。父母都是老師，從圖書館給她借了許多如兒童版《紅樓夢》之類的書回來看。兒童讀物都看完了，就開始翻爸媽的書櫃，《兒女英雄傳》、《包公案》、《施公案》、媽媽喜歡看的三毛、瓊瑤小說，那時候她並看不懂，卻成了她很重要的陪伴。「很長時間，疼痛感一直跟著我，投入到小說世界，可以忘掉這些疼痛與不舒服。」顯惠說，即便後來休養好回校上課，她也不能跑不能跳，不能上體育課，只能在教室看書。

高中畢業後進入大專念書，她跑去臺北重慶南路東華書局打工。這條有名的書店一條街上，大部分的書店都只賣參考書，東華書局卻在二樓獨辟天地，擺滿了老闆娘喜歡的文學、美術、小本口袋書，裝潢設計也都很「文青」。在那個幾乎沒有人會走進的書店二樓，已經長成少女的顯惠看完了金庸所有作品，還看到了以前沒有接觸過的關於臺灣生態，如鳥類、梅花鹿的專門書籍。老闆娘精心挑選的國外畫冊、藝術書籍，打開了顯惠的審美之門。

後來她重考大學，念了廣告，去了出版社打工，幫忙做畢業設計和書的封面，那時候她發現「一本好書，需要文字和美編的完美結合才能造就」。也是在出版社時期，她開始重新讀書。趕上解嚴後的本土文學出版潮，作為外省人第二代的彭顯惠接觸到了林雙不的作品，對二二八事件完全不同視角的呈現，讓她備感震驚。之後找來了一系列本土作家的書來看，開始改變自己「高級」外省人的看書趣味。

要怎麼經營一間農村書店？從文藝青年到書店老闆，顯惠想的不是書店經營成本這些事，也不如其他書店老闆有很強的選書能力，可以帶動讀者的品味。她想找一些「自己會看的書」，食農教育、農耕自食、臺灣本土文學和章回體小說，都是她的菜，「翻譯小說是一定看不下去的，因為那個語法實在看不習慣。」臺灣網紅「雞排妹」曾經拿著自己的寫真集，來店裡換蔬菜，「我沒有換給她，哈哈。」

## 像一個新型的柑仔店

剛開始店裡的書和菜都不多，很多人自然地拿了東西過來。青松大哥在書架一側釘了一個書櫃，付給顯惠租金，裡面有他的書和他做序言推薦的書，時不時就會來更新。除了自家種的稻米和蔬菜，倆佰甲夥伴和附近的農友會拿一些自己做的加工品來，問店裡要不要，要就拿來賣。顯惠說，「村裡的人都有默契在，知道小間能承載多大的量。」

二〇一四年六月，我初次造訪小間書菜，推門看到的就是農友們當季出產的西瓜、瓢瓜、辣椒、茄子，色彩分明地躺在蔑盤裡。舊抽屜變成一個個專櫃，青松大哥家的米糠、雞蛋和美虹姐手工豆腐乳，倆佰甲夥伴佳佳醃漬的脆瓜、蜂蜜等與老闆娘選的書、文創雜誌、音樂CD和諧共處著。二〇一六年再去，店裡新添了一台冰箱，裡面賣起了鮮榨甘蔗汁和農友自釀啤酒。和我同去採訪的先生慶明非常驚喜，忍不住買了一瓶「穀雨茶啤」坐在店內消暑。

這是顯惠喜歡的變化。

「就像一個新型的柑仔店」。說是新型，因為小間隔壁的永慶商店就是一間開了幾十年的路口雜貨店，吃喝、日用無一不齊。小間希望打造成一個農村平台，小間幫忙提供場地販售，農友們可以把自己吃不完的自種蔬菜、水果、加工品都拿來賣，自己訂價、裝飾、打理，相應地付給小間一點租金。

書店的租金是每月二千元新臺幣，顯惠很坦誠地講，主要還是靠賣老公種的米在維持書店。一方面開書店是自己的夢想，另一方面確實因為這間店，自己的米比其他夥伴的米要賣得好。如此，何不就發揮長處幫忙別的夥伴一起賣米呢。

二〇一六年八月，倆佰甲夥伴黃郁穎在小間開了第一個店中店「慢島直賣所」，邀請了周邊十多位農友來此販售自己的當季農產品、副食品。限量三盒的鹹鴨蛋、剛從地裡採摘的南瓜芽只一兩……農友的生產本身就很多樣，自己吃不完，多餘的只能送人，有時候送得多了朋友都怕了，有這樣一個平台後，家裡多餘的一根辣椒都能拿出來賣，畢竟這裡的農產品幾乎都是沒有使用化肥、除草劑，真正良心手工製作的。

很快，小間成為了深溝乃至宜蘭的「招牌」景點，許多遊客、周邊居民都會來逛逛順手買些菜回家。在農夫自己打理的「專櫃」，不僅看得到農夫介紹、農夫菜譜，還有可能偶遇種菜的農夫親自充當售貨員。「小間就想要變成這樣一個農夫和消費者可以互相聊天的地方，有更多人來人往才會有平台的意義。」

來小間的人確實多。兩次去採訪，店裡的人都絡繹不絕。農友們從田裡下工了，戴著斗笠都坐在書架前的凳子上休息，倆佰甲夥伴芳儀的女兒留在店裡，和代工店長Over一起作伴。遊客們拿著相機或拎著購物袋進來，買瓶飲料或幾把菜、一本雜誌就轉身離開……

## 養小孩跟友善農法一樣

約好採訪的那天上午，我坐在收銀台採訪顯惠，她的大兒子權佑在一旁鼓搗修一張木凳子，我家一歲三個月的女兒一手拎著一隻地瓜，還要踮起腳尖翻翻大人們的書。一條花斑狗從隔壁農民食堂溜過來蹭冷氣。

權佑兩歲的時候，臺北的小學老師說他有語言障礙、情緒障礙、過動和高功能自閉。顯惠帶他去醫院檢測，結果是在過動的標準線上下。醫生直接開藥，孩子吃了後變得整個人呆掉了，顯惠及時發現不對，把藥停了。這樣一個完全不在標準範圍內的小孩，曾讓顯惠自責到抑鬱。

搬到深溝後，也許是學校小，老師可以多花一些時間在一個小孩身上，每天下課後，老師會留權佑下來跟他聊天。家長再也沒有收到老師的通知說孩子有什麼問題。很難想像的是，二〇一六年深溝國小小學生畢業典禮的司儀，居然是她的兒子權佑，同時，他還在準備去參加臺北的朗誦比賽。「江權佑很厲害，很多東西我都不知道他會，因為在家都沒有看見他訓練過。」顯惠狡黠一笑，「就是個很神祕的巨蟹座。」

顯惠把自己兒子稱為「半獸人」。她發現深溝的好幾個年輕人就跟權佑一樣，沒有被馴化的那一面特別明顯，心裡住著一隻小動物，體力好，自由無拘束。她給他報了學校的足球、乒乓球、直排輪課程，有時候放假去臺北學跳舞，但從來沒有給他安排補習英語、數學。相反，每個週末的下午，她請了倆佰甲的好朋友，也就她眼中跟權佑一樣有自閉或過動屬性的Over、螞蟻當家教，上課的內容五花八門，畫畫、做木工、自製彈珠台、聽演講，不想待在室內，就去田裡抓蟲、挖荸薺、爬山、溯溪……

「相比學到什麼，更重要的是陪伴。在這樣的環境裡遇到這些（相似的）人，看著他們在努力實現自己，潛移默化下，會讓江權佑也找到在這個社會以後該走的路吧。」顯惠說，他們當年決定搬到宜蘭種田，公婆的反應就是孩子的競爭力會下降，畢竟存在城鄉教育的差異。他們也看過映德弟弟妹妹小孩的課表，安排得很滿很豐富，卻一點不羨慕。映德說，生命自己會找到出路。

他們更在乎孩子有沒有謀生技能和應對挫折的能力，「就是因為他有這些問題，他越需要有衝撞社會的勇氣。只是希望，長大以後，我們不在他身邊，他也可以是個好好的小孩。」看似漫不經心的媽媽，有著很深遠的憂慮，「我們只希望成為他心理上的後盾，他難過、遇到挫折的時候，有個地方可以回去。他未來要走什麼樣的路，不會安排好給他。養小孩跟友善農法一樣，不給他農藥，也不會亂給很多肥料。」

當年他們做出移居鄉下的決定，有一部分原因是為了孩子，不過顯惠強調，最大的原因還是為了自己，兩個漂泊的大人都在宜蘭找到了歸屬感。「切身相關，才是你實踐的力量。比如自己家的米吃習慣以後，外面吃飯就變得很痛苦。（都是）陳米，吞不下去。」顯惠說，他們在農村住了四年多，再回到城市已經很不適應。二〇一五年，她到臺北松山文創園區的創意市集擺攤，在臺北住了十天，「很窒息。感覺很吵，睡不好，晚上路燈都不關的，大馬路上走路、汽車開車的聲音都很吵。」

她人生的前三十年都在臺北度過，現在回想起來卻覺得是上輩子的事，「已經受不了那種半夜兩點起來排隊買鹽酥雞的事了。只有慢慢沉到生活層面，才會知道自己要去實踐什麼。」

侯季然導演拍攝的紀錄片《書店裡的影像詩》裡，有小間書菜這一集。顯惠說起為什麼取這個名字。她說，小間是日本演算法，大概六個榻榻米大的空間，「物欲的極小量化，可是心裡的層面是空間的最大量化。」

遠離都市，彎腰向下。他們一家，卻在廣闊的土地上找到了更多的人生可能性。

# 碩士女農吳佳玲：農村的事得做一輩子

二〇一八年七月初，超強颱風瑪利亞預計直撲臺灣北部。宜蘭稻農吳佳玲在家躲避風雨，一面用自家米做燉飯菜粥，餵養幼兒，一面忍不住在臉書上連連感嘆：自家秈稻今年命不好，弄花的時候遇上姍姍來遲又豪邁的梅雨，快要收割時又來個超強颱風。

「務農真的不是請客吃飯那樣簡單啊！」從二〇一二年加入「宜蘭小田田」到宜蘭種田起，今年已是吳佳玲志願從農的第十年了，但她還是沒辦法從容應對老天的脾氣。

頂著世新大學社會發展研究所研究生的頭銜，她曾在短時間內吸引了大量資源，成了臺灣響噹噹的明星農夫、碩士女農。然而，從二〇一四年開始，大批臺灣知識青年返回農村從農，她身上的明星效應遞減，又遭遇了人際關係危機和嚴重車禍。身邊的朋友都為她提著一顆心，有朋友直接勸她乾脆離開算了。

她有過猶豫，最後還是留了下來，在宜蘭深溝這個小村子成了家，生了一個白胖的兒子。當了母親以後，她說面對颱風更緊張，因為一家老小的飯碗都在這兒。可她也發覺自己變得更有韌性。在鄉下務農，是她為自己和孩子選擇的生活方式，她準備繼續蹲守下去。

「農村不是做一、兩年，一定是做十年、二十年，甚至一輩子，才能得到成果。我不信做上十年二十年，不會比現在更好。」

## 投筆從農，女碩士休學到宜蘭種田

二〇一四年，第一次見佳玲差點沒認出她是個女生，一頭短髮一身灰黑，袖子挽上肩膀，露出精壯的肱二頭肌。她剛從田裡工作回來，一身的汗餿味。那是她專職從農的第二年，已經是個農民把式。

二〇一二年初春，二十六歲的佳玲和農陣的幾位朋友，在宜蘭縣員山鄉深溝村成立「宜蘭小田田」稻米工作室，希望「向回鄉耕耘的賴青松學習種植有機米，並把這個過程編成精彩的紀錄，用道地臺灣味來吸引年輕人關懷農村，返鄉耕耘。」

賴青松自二〇〇四年從日本碩士畢業後，返回臺灣務農，建立基於共同購買理念的穀東俱樂部，不僅為自己，也為同樣有返鄉夢的許多年輕人，提供了一條可供複製的路。吳佳玲和她的夥伴直接到賴青松所在的深溝村從農，希望他們的嘗試「讓每位有興趣返鄉務農，卻苦無管道的年輕人，都可以找到一條回鄉的路」。

第一年他們像大學社團一樣只耕種了兩分地，每週到宜蘭種田一次，亢奮、癡迷地經歷著第一次插秧、第一次修田埂、第一次收割曬穀，還有痛苦的自產自銷過程。

第二年擴展到九分地，他們原本準備輪值到宜蘭種田。但是深諳農事節奏和人性憊懶一面的賴青松，堅持要他們推舉一位長住宜蘭的管理員，當時正準備升研究所三年級的吳佳玲，決定休學一年，退掉臺北的出租房，隻身來到宜蘭種田。

她把家安在了青松大哥的田地邊，每天跟著他學施肥、放水、打田、插秧，從初春到仲夏，稻穀抽穗低垂，她也開始忙著排隊等收割機、將新收的稻米送碾米廠……

除了青松大哥，他們工作室的房東、地主兼鄰居陳榮昌阿公，是她的另一位師傅。陳阿公七歲開始下田勞作，七十多歲了仍在務農，他同時是深溝村最重要的寺廟——三官宮的主委，除了田間事，村子裡的人事物，通通都可以在他這裡找到答案。佳玲覺得，自己是跟一本會走路的農書在學習。

雖然是雲林農家出身，但小時候幫父母幹農活，只是在打雜幫忙而已，遇到不懂她若去問，只得來一句，「囝仔人麥問那麼多」。從頭到尾負責一畝田，將一粒種育成一碗米飯的過程，她是第一次經歷。怎麼育苗、浸種、看天候、控水、防災害，每天她都在學習新知識新概念，佳玲說，這跟讀書帶來的喜悅有點像，但她特別喜歡「手作」的感覺，這個過程讓她很快樂。

## 改變社會現狀，做比喊更有效果

辛苦、薄收、任人剝削，曾是她對農業農村最大的感受，何談快樂。和父母一起起早貪黑勞動，也只是為了最終能多賣點錢，因為這關係到自己交不交得出學費。當志願農夫後，做完農事她都會在田邊逗留一會。她說：「每次都因為看到植物生長、到成熟可以吃的過程而感動，特別是它碾成一碗飯，吃到的那瞬間，能支持我繼續做這樣看起來很辛苦的工作。」

更讓她快樂的是，她更瞭解了自己。種田讓她發現自己的身體還是最習慣農事，知道怎樣做會比較快、比較好，「比如我天生知道怎麼除草，那個俐落度，跟都市小孩是不一樣的。」操著一口地道的臺語，她比都市出生、講著標準國語的同學，更容易和這裡的農民打交道；那些小時候急切想要拋棄的東西，此刻成了她的優勢。

和許多農家子弟一樣，她自小也被教育讀書讀得高一點，可以遠離貧瘠的農村。等到如父母所願進了大學，她遇上了震驚全臺灣的楊儒門「白米炸彈客事件」。這個抗議分子在臺北車站等多處要塞施放白米炸彈，反對政府加入WTO、開放稻米進口、罔顧糧農利益，也在佳玲心裡投下了一顆炸彈，她意識到自己永遠也逃離不了農村了，因為這是她內心永遠無法斬斷的連結。

謝佳玲（右）與作者（左）合影。（作者提供）

但是，該怎麼去解決農村的危機？她帶著疑惑報考了世新大學社會發展研究所，加入了農陣。可是，一次次的抗爭後，她發現，事情並沒有變得更好。一次偶然，讓她進入苗栗後龍洪箱大姐的社運現場。洪大姐友善土地的耕種方式，讓她深受感動。想要改變臺灣社會現狀，也許做比喊更有效果。

在宜蘭當了一年田間管理員後，她親身體會到這一點，在農村，人們只看你做了什麼而不是說了什麼。她的田是不施農藥化肥的友善種植，隔壁田是施農藥的慣行耕作。兩田之間長了雜草，隔壁阿伯就會噴殺草劑，想要說服對方不要用農藥是沒有用的，於是她每天早上背上除草機來割草展示自己的決心。對方也由懷疑到願意接受少打除草劑，儘量讓她手工除草。

每一天都在學習，每一天都在踐行自己友善土地的諾言，相比於多次街頭抗爭後產生的無力感，種田的日子，她的內心安定又有力。

## 網路賣米，青農掌握主動權

「早知道你要回來種田，當初就不送你去念那麼多書。」母親不可能沒有怨言。返鄉種田的念頭一次次在內心升起，她試著跟母親商量，「我老母就爆炸了，開始每天打電話疲勞轟炸我，內容不外乎『阿玲啊，我透早四、五點就去田裡工作，傍晚才回到家』。」

她沒有忘記農家的辛苦。從小就在田地裡長大，每年暑假頂著烈日種稻、種西瓜、大蒜、花生，累到直不起腰，淌下的汗水漬著雙眼，辣辣地疼。參加「宜蘭小田田」計畫時，握久了筆的手再一次握起鋤頭，雙手磨出不屬於少女的粗繭。從育苗播種，到巡田施肥，再到收割分裝，每個細節裡都有著與天災人患鬥爭和妥協的過程。懷揣「返鄉夢」的佳玲再一次真實地感受到「當農夫一點都不浪漫，很苦，真的很苦。」

可是，「農人的專業、傲氣，深厚的農村文化，你幫我，我幫你，那深厚的人情味，我始終難以忘懷。」當親友關切地來問，「妳還要繼續種嗎？」她說，「是的，我確信要加倍務農。」

二〇一四年，二十八歲的吳佳玲和另外一個女孩謝佳玲，共同成立了「有田有米」工作室。後來謝佳玲單獨成立了自己的工作室。佳玲把耕種面積擴大到兩甲三分地（約二・二三公頃），最多時種了三甲二的農地。

「有田有米」工作室繼續採用穀東俱樂部提前認股的模式，「豐收共用，歉收共擔，風險分攤」。提前認購為她省去了大部分的分銷憂慮，還累積了一些行動資金，有了「宜蘭小田田」前兩年的人氣累積，她的「有田有米」也很快被預訂完。

二〇一四和二〇一五年，她一人耕種兩甲三分地，有兩甲供給穀東，按理想狀態一年有八十萬元新臺幣的收入，雖然很難做到全部提前認購完，但刨去租地等成本，收入也並不算低。

相比傳統老農，熟練使用社交網站的農青，可以直接與消費者打交道，也更懂得網路行銷，不必面對老農們豐收愁價低、歉收愁量少，永遠被動受打壓的辛酸處境。

佳玲不但賣自己種的米，還幫陳阿公行銷他的阿公米，幫雲林的父母售賣積壓的農產品。二〇一四年，大蒜豐收，中間商壓價。她得知後，請父母寄到宜蘭，按照顆粒大小、品相良優，重新分裝，在自己的臉書上以不同價格售賣，回應者眾。

父母也許很難理解佳玲的情懷，但辛苦所出能夠賣得出去，他們暫時打消了顧慮。從農以來，佳玲和父母時常分享務農心聲，共同關注颱風和雨水，也越來越理解了父母。

## 在農村活下去，養自己的孩子，過自己想過的日子

父母擔心的另一件事，是她的婚姻大事。二〇一四年我去打工換宿，聊到終身大事上，她當時還有些擔心嫁不出去。想不到在我離開後不久的收割季節，來了一位打工換宿的臺中果農子弟黃京國。相似的成長背景，共同的農耕夢，讓兩個年輕人快速陷入愛情。

情侶檔做夥來種田，農田、穀倉就是他們的約會場所。但農村生活有人情有浪漫，也有滿腦子理想的年輕人難以應對的事。

二〇一四年，佳玲成了全臺返鄉青農的代表，各種資源找到她，外出演講參加活動、參與社區事務。同時她擴大了耕種面積，舉辦農事活動，幫忙陳阿公賣米。她像站在了浪頭上，覺得自己是個咖。轉眼，臺灣政治風向變化，對青農返鄉不再推舉，她也因為多事傍身，顧此失彼，造成了人際關係危機。

鄉鄰的眼光、無法立即回應的農耕服務、人際失調，捶打著新農夫的心。焦灼痛苦的夜晚，她只能坐在田邊對著稻子痛哭。幸好有了一位可以穩定心神、又能幫忙處理田間和出貨

事務的伴侶，她才不至於中途退縮。在汗水淚水交織中，她在農村繼續穩步生活，考取了手排駕照，買了一輛可以裝農具稻穀的二手麵包車，取代原本摩托車加掛板車。

二〇一五年盛夏，佳玲回世新大學通過畢業論文口試，順利畢業。與此同時，收割也提上日程。七月十七日，佳玲請來幫手收割，沒想到她在騎摩托車聯繫吊車來載穀的路上，被汽車攔腰撞上，騰空飛起，撞碎了對方的擋風玻璃。她顱內出血、腦震盪又鎖骨骨折，傷勢嚴重到有幾個月的時間，連一句完整的句子也說不出來。

住院期間，她仍然記掛著田裡的事務。睽違兩個月，再次用手掌摸到土地，眼淚都在眼中打轉。經歷生死關頭，她更加篤定自己的從農夢想。只是她也開始意識到，過往的幾年，她執著地把全部的時間和精力都投入到務農上，一心只想向前，實現鄉村復興的大夢想。而沒有自己的生活，身段也不夠柔軟，得罪了一些人。

車禍後恢復精神，她發文「很慶幸自己還活著」。是的，活著，讓自己在現實中，在農村活下去，就是最重要的事。她開始很務實地計算每包米的成本。後來她經歷過稻米賣不出的困境，最終靠研究所老師所在公司分銷，才解決問題。此後她和京國縮減種植面積，同時推出米酒、米香等多種加工品。

二〇一七年底，兩人在深溝三官宮舉辦婚禮。用自家白米現爆的米香當做喜餅，喜酒是用自家米釀造的米酒。一個新生命也在此時到來。

懷孕前，佳玲經過很長一段低落期，已準備好跟京國回臺中老家生活。兒子阿衡的到來，讓她重新反思，當初為什麼來農村種田？在農村活下去，養自己的孩子，過自己想過的日子。這件事最簡單也最有意義。他倆都希望孩子在農村長大，學有用的生活知識而不是為了考試而學習。深溝村相對是更自由、文化更加開放的村莊，許多人從國外、都市到深溝村定居，有很大部分原因是為了孩子。

有了孩子以後，新手爸媽感覺到更多責任。佳玲說要努力賺錢，不然阿衡也會跟她小時候一樣，在一個物質條件不夠好的家庭長大。她希望兒子喜歡農村，喜歡自己的爸媽是農夫。幸好現在務農的主動權掌握在農夫手上，還有眾多穀東的愛惜。

瑪利亞颱風最終減弱並轉道從馬祖登陸，一早就有穀東跟她說，「早上醒來都替妳鬆了口氣」，「我兒不怕沒米吃了」。

從務農開始，就不斷有穀東寫信鼓勵佳玲，「我們家寶寶從四個月開始的第一口副食品，就是有田有米喔！謝謝你！」她意識到，自己的農村夢也守護著許多家庭餐桌上的安全。

如今，她的夢想也落到了自家餐桌上。兒子四個多月時，就開始吃爸爸媽媽親手種的無毒稻米。颱風過境，許多穀東來留言感嘆，佳玲回覆說，「我種植好米，你們好好吃飯，然後我兒因為你們的支持，才能順利長大，好喜歡這個食物鏈！」

# 土地裡長出來的新世界：深溝村的食農教育實踐

像是觸動了時間的閥門，二〇一三年元旦上路的休耕地活化政策，讓原本長年休耕的土地大量釋出。對一年只種一期的宜蘭來說，相當於整個平原上的休耕地都活化了起來。

天時地利加上賴青松這個關鍵人和因素，深溝村在當年初就吸引了大量新移民前來務農，直接催生了一個叫「倆佰甲」的小農互助組織和其他小農團體。可是對賴青松而言，這些新來的年輕人，才是這個村子重新興旺起來的「人和」因素。「時間到了，人對了，事才能做起來。」賴青松口中「對的人」，除了多年穀東、在宜蘭從事多年社區規劃工作的楊文全，還有另外一個之前素未謀面的人。

他是二〇一三年八月才調任深溝國民小學校長的黃增川博士。幾年前，賴青松就曾想在一雙子女就讀的深溝國小推動食農教育，免費提供自己租的田地給學校做教學場所。可惜從學校到田地走路需半小時，加上當時的校長也並不熱衷，此事就此中斷。

新校長到任後，發現此地友善小農群聚，加上明星農夫、曾任深溝國小家長會長賴青松的穿針引線，深溝國小附屬幼稚園的三十多個小朋友，吃到了在地小農種的無毒蔬菜，還自己種菜來吃。而深溝國小的小學生，則在本地老農陳榮昌阿公的帶領下，從浸種育苗開始，學習從播種到收割整個種稻過程。

## 孩子們吃上了無毒的蔬菜

深溝國民小學是深溝村的最高學府，一個只有八個班、學生不到一百五十人的迷你學校。一條清溪從校門口流過，白鷺駐足，三面稻田環繞，沒有圍牆的深溝國小像是長在稻田中央。

深溝國小附幼是華德福教育體系的學校，提倡食用全蔬食，重視食農教育，強調有機、友善和慢活。二〇一〇年幼稚園曾向政府申請在地食材計畫，實行一年後，經費到期難以維繼。二〇一三年，幼稚園主任林慧敏的臉書朋友黃能謙，主動提供一年份宜蘭三星行健村的無毒米給孩子們，開始了新一年的「吃在地」計畫。

林慧敏與新校長黃增川商量，從新學期開始讓孩子們午餐都吃在地、無毒的農產品。賴青松的幼子當時在深溝國小就讀，他身為深溝國小教育基金會董事長，趕緊找來「倆佰甲」農夫幫忙合作。小間書菜夫妻顯惠、映德肩負起了幫忙尋找供菜小農、收菜、決定菜單的工作。

剛搬到宜蘭半年多的新手農夫夫妻倆，拿著賴青松開具的「無毒」耕種農友名單，一家家撥通電話、拜訪產地，終於有兩家有機農場和兩位友善小農接下學校訂單。深溝本地老農、本地神祇三官宮主任委員陳榮昌阿公，主動提出改變以往的農藥務農方式，為孩子們栽種無毒蔬菜。隔年他還深入校園教孩子種稻，成為深溝國小食農教育不可或缺的導師。

除了陳阿公，合作的農友散落在三星鄉、員山鄉和宜蘭市，每週一、三、五早上六點，顯惠夫妻已經開著車沿途收菜，繞回深溝後，還要理菜、送到學校。遇到小農收穫的「特殊蔬菜」，如小松菜、角豆等，顯惠還會跟農友請教烹飪方式，到學校再與廚工阿姨討論孩子們能接受的煮法。每次一早去送菜，映德都會碰到正在吃早餐的小朋友，齊聲跟他說，「謝謝江先生」。有時候碰到有小朋友挑食，林慧敏會「哄騙」孩子：「等一下農夫叔叔來，我要告訴他有人不喜歡他的蔬菜喔。」

後來，鄰近的內城國民中小學附屬幼稚園也商請小間夫妻幫忙送菜。銷路打開後，他們也不再需要趕早開車去收菜。他們只需要提前開好菜單，農夫們會提前送菜上門，第二天一早再送去學校。可惜後來映德擴大耕種面積，早上送菜耽誤到他晨間下田的時間，只好暫停內城附幼送菜業務。

深溝國小附幼採用的華德福教育制度很獨特，選擇把孩子送到這裡的家長，本身就是有獨立育兒觀的父母。全班三十多個孩子大多是自外地搬來，家長們都很認同有機無毒的耕種理念。小間夫婦於是把收來的菜分裝成一箱箱送到學校，來接孩子放學的家長正好買一箱回家做晚餐。

## 食農教育課吸引城裡孩子來學習

知道食材從哪裡來，確實會很大程度改變我們對吃飯這件事的看法。

深溝國小早在二〇〇八年就開闢了一塊教學農園，各個班級每學期都有八節「種菜」課，搭配自然課一起進行。一畦畦的菜圃，插上不同班級的牌子，豌豆、玉米、高麗菜、蕃茄都曾被一雙雙小手呵護、採摘，但收成不是很多，還不夠穩定供應給學校廚房，只能偶爾讓孩子們共用。

幼稚園的孩子們也在老師的帶領下，到菜園裡認識植物，幫忙抓蝸牛、瓢蟲，用手拔草。負責日常照顧菜園的，是幼稚園的家長志工們。許多家長本身就是農夫，時不時就會被學校請來當「種菜老師」，手把手教孩子們怎樣挖洞、撒種、移植菜苗。不只種菜，連肥料都是孩子們用午餐吃剩的果皮發酵的。堆肥桶放在菜園一角，底下有個洞，經過發酵後流出的酵素，可以直接灑在菜土裡。這種酵素不只可以當肥料還能淨化水質、照顧樹木。

孩子們嘗試自己種菜，只是深溝國小食農教育計畫的第一步。二〇一四年，四年級以上的學生開始下田種稻了。

二〇一三年休耕活化政策變化後，深溝國小旁地主阿水伯聽說學校準備帶領孩子們種菜種稻，免費提供田地給學校當教學用田，他自己的孫子正就讀五年級，也和同學們一起下田辨別稻草和稗草。種稻老師正是七十五歲高齡的陳榮昌阿公，「有田有米」工作室的兩位年輕女農吳佳玲和謝佳玲給他當助教，既是臺語翻譯也是徒弟。

「我以前感覺我空有一身武藝，但是沒有人來學。」陳阿公不只台上講解，還帶著小學生們實際下田，親身示範古法種稻的一招一式，「百般武藝毋值得鋤頭落地，學種田能鍛煉人的體魄，我相信種田是生活的根本，可以勞動，也有米吃，現在農村都剩下老農，如果沒有新農、沒有收成，糧食要從哪來？我來學校當農夫老師，要把畢生所學都教給小孩。」

孩子們不只是體驗種稻和收割，而是要參與種稻的全過程。種稻課程和種菜課程相互配合，幼稚園到小學三年級的孩子學習種菜，小學四年級學生學習浸種、育苗，種子發芽後就交給五年級學生做秧床。秧苗長成，就可以插秧了。陳阿公拿出他年輕時種稻用的密植器，把田地畫成棋盤狀，領著小朋友把秧苗插進格子的十字交叉點。除草、撿福壽螺、收割、曬穀，稻子生長的每一步，這群十二歲的孩子都要自己動手完成。稻米收成後，孩子們升上六年級，還要想辦法包裝、賣米。

二〇一四年，孩子們耕種的一分地共收穫了五百臺斤白米，他們給自己種的稻米取名

「學童米」。二〇一五年三月，記錄孩子們一整年種稻過程的《食農小學堂》舉辦新書發布會，校長黃增川鼓勵孩子們開攤販售自己種的「學童米」，並承諾銷售所得會用於他們畢業旅行。所謂「粒粒皆辛苦」，不只是種稻的艱辛，收成後的礪米、包裝、銷售，才是農民們需要面對的最艱難困境。

《食農小學堂》的出版也是一連串美好緣分的產物。土生土長的宜蘭人陳照旗，開了一家關注食農教育的上旗文化出版社，二〇一四年他決定把出版社遷回宜蘭羅東老家，另創一間「回家生活—書食小鋪」。在賴青松牽線下，上旗出版社和深溝國小一拍即合，決定出一本可以作為食農教育「教案」的書。寫書的作者陳怡如，是新近搬到宜蘭員山的半農—女農組織土拉客的一桿筆。她追蹤記錄孩子們與陳阿公學種稻過程，小朋友們巡菜園的趣事也被收羅進去，額外加贈深溝國小媽媽團們按照節氣製作的農家米食小吃，例如清明節才做的草仔粿、每年冬至大人小孩齊聚一起搓湯圓。從這一代開始，他們想把失落的農村傳統找回來。

二〇一五年，陳阿公將種稻教學重擔交給羅傑農場的新農夫曾文昌，他也是深溝國小家長委員會的會長。除了每兩週帶孩子們下一次田，他還接下了很重要的一項任務——食農小旅行活動企劃。作為全臺灣第一間推出種稻課程的國民小學，深溝國小的食農教育在兩年間聲名鵲起，來自島內和海外的不少學校、團體組團來參觀，食農教育不只成了學校的特色也擴展了收入來源。

許多臺北或周邊市區中小學生到深溝國小下田體驗，學習手作傳統米食米苔目，參觀學校藥草園、湧泉水池和太陽能板屋頂。這間不大的鄉村小學成了遠近皆知的明星學校，靠的不是像城市小學同一套標準的升學率、外籍教師、音樂體育等硬實力，而是根植於對農村社會、農業認同的價值觀。就像家長徐士哲接受採訪時說的，以往田就在學校旁邊，孩子們卻不見得會踩下去，但真的踩下去以後，這個記憶卻會持續很久。「農村小學就該有農村小學的樣子。」

作為這一系列食農課程的推手，校長黃增川說，推動食農教育的初衷，就是希望孩子們能從小就分辨出食物與食品的不同。在種菜種稻的過程中體會生命的可貴，通過生活學習愛物惜福。許多來體驗過種稻的城市孩子，除了覺得種田太苦就是明白了米飯的可貴。

同樣難能可貴的是，黃校長在陪同孩子種稻的過程中，試著把一顆心放進土裡，把自己當成深溝村的一個新農，深入參與社區事務。深溝小農每年都會舉辦農業相關論壇，二〇一七年的「深溝亂彈」直接就在學校體育館舉行，「深溝好墟」生活市集則在學校運動場，搭起了帳篷，售賣起深溝的日常。當賴青松代表地主來到實習稻田旁，主導農田管理的交接儀式，黃增川也領著一眾小朋友，承接起了神靈的庇佑。

除了學童米，學校租下學校旁邊另外一塊田供教師種「教師米」，還計畫把學校旁最後一塊田租下，讓學校營養午餐的白米可以完全自給自足。

韓國來參訪的客人問黃校長，怎樣避免校長換人後，學校還能持續落實食農教育精神呢？校長說，剛好他二〇一七年七月就卸任，他已經把食農教育的規劃寫進了學校的特色課程裡，能夠避免人息政亡的窘境。就像楊文全對蓬勃發展的新農社群充滿信心一樣，黃校長也相信食農的根已經扎進了學校土壤，未來的校長「也一定願意繼續深化這份食育精神的。」

## 從產地到餐桌，認識食物，滋養未來

食農教育，關係的不只是這一代的孩子們能夠吃得健康，吃出傳統。對發起食農教育的大人們來說，更希望用食農教育，更久遠地延續農村的傳統。

二〇一六年，臺灣中信金控公司找到青松，希望能夠合作拍攝企業成立五十週年宣傳影片。二〇一〇年，青松大哥曾經協助聯邦銀行拍攝形象宣傳廣告。他的擇善固執形象，被聯邦銀行用來區隔自身與那些前進大陸的大銀行，同時洗刷自己「體質不佳，經營獲利能力不善」的負面評價。

因此，他對這次合作是非常謹慎，甚至是拒絕的。但是企劃單位和導演的用心，讓他決定有條件地配合這個計畫。條件就是希望拍攝單位捐款給深溝國小教育基金會。「畢竟我們這群租地的志願農民，能夠扎根深溝多久，老實說，沒有人知道。但如果深溝國小的食農教育，能夠長久而持續地運作下去。至少將來，當這群農三代、農四代有緣返鄉時，或許還會有人願意延續農耕種作的薪火吧。」

另一個私心是，希望借此機會，為深溝新農社群夥伴們，留下此刻最精彩與可貴的生命畫面。這支名為《發亮》的紀錄片，幾天就吸引了一千七百多萬人次的觀看，超過十二萬人次分享。

同年，行政院長林全到訪深溝國小，考察食農教育發展。他的行程與臺北小學的孩子們幾乎一樣，親手種蔥，吃一頓學生們的營養午餐。官方的認可，讓深溝村的食農教育正式從鄉村走進了大眾的視線。

其實從二〇〇一年開始，臺灣就陸續有學校開展食農教育，位於高雄市美濃社區的龍肚國小在教師黃鴻松等人的帶領下，在校園中開闢苗圃，帶著學生小規模體驗種稻。二〇〇五年開始成立食農教育小組，進一步深化食物和農事教育的內涵，擴大耕種規模，學校師生們都能吃上自己種的稻米和蔬菜，還節省了學生們的每日餐費開支。

但是黃鴻松老師認為，食農教育的真諦，不僅在於自給自足、認識鄉土環境及生態；更重要的是讓孩子們從種植經驗中，體會大自然的美麗與殘酷，並培養對食材良窳的辨別能力，同時也習得對食物的提供者常懷感激之情。自從推行農事體驗課後，學生們偏食的情況也改善了很多，黃老師說，「能吃到並與人分享自己種的食物，是一種難以言喻的喜悅，就算討厭吃的青菜，只要是自己種的，嚐起來都變得格外美味！」這所只有兩百三十位師生的小學校，在二〇一二年獲得了行政院頒發的永續發展獎。

臺灣食農教育協會在二〇一七年啟動了食育元年，冀望用好好「吃」飯，來改變世界。同一年，行政農業院委員會為推廣食農教育，推出《食農教育推廣計畫》和《食農教育融入小學課程優良方案》兩項徵選活動。希望學齡兒童透過體驗、課程來瞭解「學校午餐的食材從哪裡來」，同時，藉由到鄉村體驗從生產到銷售的過程，認識在地和農業文化，培養在地低碳的飲食習慣。農委會希望踐行食農課程的學校，能夠總結教學模式，提供給其他學校運用，讓更多學校的師生認識食物從產地到餐桌的全過程。

二〇一八年，農委會建立了「食農教育教學資源平台」，把徵集到的相關教案和教學資源，放在網路平台公開分享，並進行系統性整理。方便有興趣的教師、團體查詢借鑒，發展出符合不同學習階段學生的食教育農概念架構，鼓勵國小、國中、高中、大學共同推動食農教育。

二〇一八年十月，臺灣農委會把每個月的十五號訂為「食物日」，呼籲大眾正視「食農教育」。

早在二〇一五年，臺灣的幾位立法委員陸續提出了三版《食農教育法》草案。二〇二一年五月六日，行政院通過《食育教育法》草案，次日送往立法院審議。如果此法案得以通過，就可以明定主管機構，匡定預算，提供學校更多資源實踐食農教育。從民間團體到官方都期待這部法案可以像日本的《食育基本法》一樣，順利通過，把食育納入到教學框架和全民意識中。

農委會主任委員陳吉仲說明，草案立法目的有四個，分別是增進國民健康減少食物浪費、國民穩定取得糧食、強化飲食與農業之間的連結、推動地產地消發展在地農業。他認為，若孩子從小開始好好吃飯，實踐健全的飲食生活，傳承飲食文化，瞭解土地，支援在地農業，進一步關懷自然與環境，理解自身的責任，將會帶來長遠的價值。

一場起源於鄉村的教育創新，最終回到了廟堂，成為惠及全社會子孫後代的運動。食農教育的終極目的是什麼？《親子天下》雜誌認為，食農教育可以培養孩子終生帶著走的能力，是為「生活力」。他們冀望的食育目標是培養出有選食力——瞭解食物來源選好食的人；懂關懷——認識食物愛土地的人；會感謝——敬天謝地有品格的人。

教育，從來不在一時一日之功，而需積跬步以致千里。食農教育，不過如青松大哥所希望，能夠以經年累月的運作，給未來的永續農業埋下多一顆種子，點燃一星希望。他相信，根扎進土裡，時間就會站在他們這邊。

# 深溝二〇二一，從半農興村進入半X時代

二〇二一年才剛剛開始兩個月，宜蘭深溝村早已開始了這一年的萬象更新。

一月底，賴青松太太朱美虹和好友史法蘭合著的料理書《蔬食餐桌》出版。書中記錄了她們跑遍臺灣，與私房主廚、生態廚師跨界合作，以臺灣常見的二十五種蔬果為主要食材，碰撞出的一百道創意料理。青松在臉書上推薦時說，「難以想像，從年輕時代交往以來，始終惜字如金的美虹，居然從專欄作者晉升為食譜書作家，世界真的太不可思議了……」

青松的生活也發生了不可思議的變化。二〇二〇年下半年，他搬離了住了十多年的農房，搬進了惠民路上的樓房。青松米穀東俱樂部也在二〇二一年轉交給八位新農夫，他們採用契約種植方式，協力為青松的穀東們服務。

穀東俱樂部的轉變早有鋪墊。近兩年來，青松越來越感到體力不足以應對繁重的田間勞動，美虹也在三、四年前開始探索自己的品牌。二〇一八年，開業兩年半的美虹廚房停業，她堅定地從家庭主婦、穀東俱樂部的女主人崗位上畢業，想要開啟自己的人生新篇章。與此同時，美虹也嘗試在《鄉間小路》雜誌撰寫「田野保存食」專欄，講述她的鄉居生活與在地美食的故事。每月一次的專欄小故事，持續更新到了去年十二月。

去年九月，女兒宜蓮從京都大學交換回來後，開始上班，兒子裕仁選擇暫停高中學業先服兵役，沒有了曾經的助手支持，青松也感覺到自己需要從青年返鄉、新農夫的故事裡畢業，開始新的人生敘事。

## 鄉村創業：吸引更多元的人進入鄉村

賴青松說，三十歲返鄉，五十歲重新歸零，轉向的場域居然是鄉村創業。

開一家好吃的餐廳，吸引更多臺灣人吃米飯，是美虹廚房開張和結束營業以後，他一直沒有熄滅的心中所望。從農二十年，賴青松發現他種的米再好吃，吃到的人仍是有限，而現實是越來越多的家庭已經不在家煮飯，最後好米放置黴變也時有發生。臺灣社會自美援時代以來一直吃麵粉，小麥臺灣無法自產，只能依賴進口。另一面，因為大量返鄉青年從農，類似深溝村這樣的稻米產地米量激增，吃米飯的人卻並沒有增加。某種程度上，也跟米食的製作方式太過侷限有關，想讓「米」重新成為餐桌的主角，「不只農夫要夠力，廚師也得有貢獻。」

經過一個月的試營業，二〇二〇年十二月的第一天，賴青松和「找找私廚」史法蘭合作開設的宜蘭在地食材餐廳「穗穗念」正式對外營運。賴青松負責本地小農食材統籌，史法蘭負責菜品開發和營銷。當時當令的本地好食材，給了史法蘭諸多啟發。她用青松種的紫糯米磨成粉，做成了招牌紫米戚風蛋糕，餐廳的米飯、紫米茶，都產自青松米穀東俱樂部。

二〇二一年初夏，臺灣新冠疫情又趨於嚴重，他們還推出方便料理包，通過網路販售，冷凍宅配到家。小農食材製作的下飯菜，客戶們在家加熱，配上一大碗米飯就能豐富當天的餐桌，還免去了外食的風險。這雖然是疫情之下的替代選擇，未嘗不是一種推廣米食的新方法。

任何一種類型的創業都充滿風險，需要做好脫掉一層皮的打算。美虹廚房開張兩年半，並沒有收到預期的經濟回報。但是賴青松覺得，只有走出舒適圈，才能接著把人生故事寫滿。

二〇一八年美虹廚房結束營業前後，賴青松夫婦、楊文全、曾文昌和幾位在地的年輕朋友宋若甄、林世杰、李沅達、黃建圖合計七人合作成立了「慢島生活有限公司」，概念緣起於二〇一五年的東亞「慢島、開村、志願農」島嶼論壇。楊文全形容這家公司為一家鄉村公關公司，以承接活動，接待參訪為主。在二〇二〇年新冠疫情爆發以前，深溝村每個月都能接到海外島內的各種團體參訪三、五次。他們帶著客人們在田間地頭走訪；在公司二樓的料理教室，請來廚師用本地食材做菜；不同的參訪主題都能找到半農半X的在地講師前來分享。新農夫們走出家門幾分鐘，講講自己的故事和觀察體會，就能有一筆講師收入。更重要的是，通過這個平台，在地的農夫與外來的協助者、參訪者有了更多互動和連結，拓展了人脈資源。

除此之外，他們通過承接活動，與臺灣島內的其他服務業者合作，積極走出宜蘭，開拓市場。比如與知名茶葉品牌合作出品「紅茶味的爆米香」，在知名休閒農莊上，擺上「慢島選物」產品桌，無形中幫本地小農農產品找到另一個通路。

「慢島生活」最大的野望在於吸引到更多的農村生活愛好者，把深溝村當作他們瞭解如何在農村生活的第一站。二〇二〇年，他們推出慢島學堂，招募八到十二位對返鄉生活有興趣卻心有猶疑的學員，親自來深溝村生活十八天。每個月選三到四個週六，上午開設針對水稻種植相關的實作課程，學習如何浸種育苗，認識有機肥，如何誘捕福壽螺、防治雜草等，下午則針對不同主題開講，從員山的自然環境，穀東俱樂部的形成發展，到風土美食製作，食農好書共讀等，不一而足。幾位創始人經驗豐富，在食、農、營銷等各個方向都各有所長。

可惜去年春天新冠疫情爆發，加之收費標準設計過高，第一期慢島學堂沒能成功舉行。二〇二一年一月二十九日，晨光熹微中，下起毛毛細雨，典型的宜蘭氣候下，第一屆「慢島學堂」春季實作班開業。十一位學員在一道彩虹下，和他們的鄉村導師相聚深溝，從此開啟農村生活的第一天。每當上午的勞作完畢，學員和老師們聚在一起午餐，暢所欲言心中所思與困惑。楊文全感覺回到了倆佰甲初創時期，成員間互相陪伴，撫慰焦慮，共勉奮進的時光。

二〇一七年，倆佰甲停止招收新農夫後，內部成員間的互助陪伴也不復當初。再有外地人想要進入宜蘭鄉村，其一可以通過宜蘭社區大學的「夢想新農班」上課，課業結束後可以選擇某一鄉村實習或駐點，楊文全曾經擔任了三年講師，但這個新農班在二〇二〇年也因預算短缺停辦。另外一個途徑是通過「小鵲米」謝佳玲的小農應援團，以交換勞動力的方式，進入鄉村。儘管後來孩子誕生，家庭工作蠟燭兩頭燒，小鵲還是想方設法維持在村子裡這個珍貴的打工換宿據點。

賴青松和楊文全相識二十載，體會到不管主流社會如何發展，總是有一批又一批的城市人想要回歸鄉村，不同年齡、行業、性別，無關返鄉浪潮潮起潮落，鄉村對某一些人而言總是充滿魅力。因為年少時期父親破產，被阿公接回鄉下的經歷，賴青松把農村當做人類社會的最後一道防線，希望以土地的寬容和厚重承接現代人的焦慮、失落。在接近天命之年，楊文全重新在農村找到後半生安身立命所在，幫助更多元的人進入鄉村。他們和其他幾位志同道合的朋友，都想「為那些嚮往農村的人留一條路」。

## 內在張力：因與他人不同，才成就自我

時隔四年再度越洋採訪深溝的小夥伴，幾乎每個人都說到我二〇一四年和二〇一六年兩次去探訪的時間，剛好是倆佰甲新農夫聯繫最緊密，深溝村最有活力和朝氣的時候。有人的

地方就有江湖，新農夫的社群之間也因為耕種安排、理念不同，開始出現了或大或小的摩擦。

賴青松曾總結，來宜蘭返鄉耕種的小農與返回花東的小農之間，有著完全迥異的氣質。如果說去往花東是為了隱居般地自成一統，那留在宜蘭——離臺北最近的農村的農夫，則有著積極的入世心態，希望藉由行動與臺北對話。楊文全則說，來到深溝的小農都是心中有夢，頭上長角的特立獨行一派，所以不會把自己的夢想寄託在與他人的合作上，返鄉的成本巨大，每個人都為了實現自己的夢想而不遺餘力。當個人的夢想與他人的夢想在實現途中有所衝突時，彼此之間的妥協和轉圜的空間就變小了。

分裂既生，農民食堂一度不再開火，顯惠說，曾經繁榮的深溝五岔路口到了晚上再度熄燈。一方面無法找到合適的內部矛盾處理辦法，一方面因為深溝及周邊農村已經對返鄉青年形成虹吸效應，倆佰甲從二〇一七年以後停止了招收新農夫，只是將一切與外部對接事宜交給了曾文昌。二〇二一年六月，楊文全在臉書宣布倆佰甲新農育成平台暫告一段落。在此之前的四月和五月，曾在深溝村聚集，而後定居在周邊村鎮的新農夫之間，在臉書上掀起了小範圍的論戰。爭論的焦點關乎兩方在鄉村的為人處世方法，也關乎利益和話語權之爭。

深溝村新農內部矛盾由暗轉明，同時也把青年返鄉從農需要面對的殘酷現實挑上檯面。鄉村不是天堂也不是避風港，同樣要面對複雜的人際關係和自身困境。返鄉從農需要的不只是一頭熱血的勇氣，還需要有面對現實的智慧和解決問題的能力。某種程度，這樣的論爭可以讓更多擁有返鄉夢想的青年，更加理性地去考慮，做出抉擇。

站在觀察者的角度，我反而覺得深溝村的內部分化是有機的。這或許正是深溝有別於其他農村社區的地方。這種內部的張力，也是深溝包容性的一種體現。

吳佳玲因為人際關係衝突一度心灰意冷，想要離開深耕了八、九年的深溝村，跟著先生京國回臺中去種果樹。但是她最終還是決定開始宜蘭、臺中兩地生活，耕種季節大部分時間留在宜蘭，照顧田地，聯絡朋友，組織包米和送貨，嘗試開發新的米質加工品。休耕時間則大部分帶著孩子在臺中和公婆一起住。

她說，在臺中的傳統鄉村，她只是黃家的兒媳，京國的妻子，而在深溝村，她是吳佳玲，是自己耕種兩甲半地，有獨立品牌「有田有米」的小農。作為女性，她可以以農夫身分參加三官宮的祭祀，走在田間地頭，鄉鄰們問的是稻作的收成而不是她的公公和老公在做什麼。每當回到深溝村，她感覺自己又是完整而獨立的自己。這種感受既因為深溝不是她的娘家也不是婆家，而是她拼搏闖蕩的職場，另一面也因自深溝村的居民早已習慣了女農群體，見識了她們也可以和男性一樣打田侍稻，支應門庭。

陳幸延於二〇一五年加入深溝村，從一開始的幫工小青年，變成蘭陽平原知名的科技農夫，以開放原始碼技術，設計了田間水位監測器、太陽能抽水站和福壽螺抓捕器。二〇一九年，他正式租田種菜，建立「嘟嘟配」生鮮蔬菜宅配品牌，聯合員山一帶的有機菜農，互相調配產期及品項，共同出貨販售給餐廳及臺北等地的都市消費者。前前後後，他花了四、五年的時間才摸索出結合自己的特長和興趣的農村自足之路。

他生自南投鄉村，高中以後在臺北求學，一直覺得自己的所學於現實生活沒有用處，沒法影響社會，因為對食物的喜愛才有了返鄉的念頭。他說，作為農二代，如果回到自己的家鄉，他只能繼承家業，投入更高昂的資本來開發新產品，幾乎沒有第二種可能性。而深溝村因為外地人雲集，又都是小農，做大規模農業的少，各式各樣的小農形成了多樣化的種植環境和生活環境。在這裡，他可以觀察到很多種不同的返鄉人物和案例，看他們運用各自的天賦和愛好，開創出不同的生活生產方式。他也是在這樣開放的環境中，才有機會摸索和實驗出自己的農村生活方式。隨著父母年紀上來，他也有未來回到老家的打算，但是在這之前，他希望在深溝這樣開放包容的地方，先實驗出一套可行的現代農業生產銷售模式，經營熟悉自己的消費客群。等到真正回到家鄉的那一天，他會更加胸有成竹。

這幾年，顯惠的重心幾乎完全回歸了家庭。二〇一八年，剛上國一的權佑突發皮下不明出血，從四肢蔓延全身，一度在臺北榮總醫院病危。兩個禮拜的入院治療，及至出院也沒有找到病因。在孩子的生死徘徊間，她和映德才發現家庭的經濟狀況堪憂，針對大人和孩子的保險都不足夠。權佑的病和顯惠自小的病症，都讓這個家庭比一般家庭更加脆弱。

他們也意識到，相比孩子已經長大成人的賴青松和楊文全，甚至陳幸延這樣的年輕人，他們走到了人生負荷最重的中年。他們無法像孩子年幼時一樣，把很多精力放在了社群和公共事務上，身為父母，應該把小家的長遠發展放在第一位。也是因為在公共事務的投入上有了不同意見，小間夫妻決定關掉書店，一家人在二〇二〇年搬到了宜蘭惠好村一帶。

因為新冠疫情影響和照顧孩子的需要，顯惠這兩年都選擇居家工作為主，與一些文化單位合作開闢專欄，研究料理，舉辦食農相關的線上線下活動。她持續在網路上記錄兒子權佑的非典型成長故事，已經與出版社約定出版這部《半獸人飼養手冊》。映德則繼續種田，幫忙照顧家庭，夫妻倆繼續通過網路販售「小間米」。

他們作為非典型的父母，始終把日常生活的教養作為教育的目的。顯惠所理解的食農教育與活動式的食農體驗有很大差別，她心中的食農教育就是在家帶孩子做飯。兒子權佑今年十六歲，可以在一小時內獨自燒出三菜一湯，「他做的醬燒鮭魚調味極為出色，往往讓妹妹拌飯滿滿吃上兩碗。」讀小三的女兒鳳梨，從八歲開始就會自己製作鬆餅、蒸饅頭、烤麵包，「早餐自己料理不成問題。」兄妹兩人對菜市場的菜價瞭若指掌，也知道如何搭配食材，安排一家四口的三餐。盡量吃當季當地食材，根據家庭收入盡量支持當地菜農漁夫，永續合理的購買，傳承生活常識。

權佑在今年考取了澎湖高中，將要離家到島外學習海洋生態和相關料理。因為他的選擇，一家人也在探索海洋生態、農村生產和永續飲食的關聯，在公共與個人之間，尋找到適合自己和家庭的平衡。顯惠和映德今年在深溝村購買了一棟房屋，目前正在修整中。他們希望在兩年後，搭建出一個新形態的小間書菜二・〇，實現他們搬來鄉村時的小小夢想。

顯惠的反思源自於在深溝生活九年，對食農教育從方興未艾到如今遍地開花的體察。深溝村的內在張力，因為內外資源的起落而呈現出或明或暗的崢嶸。然而，對這片土地的熱愛和由之而生出的責任感，無論是個人還是群體，都是心中有主張，腳下有行動。深溝村，輻射至員山、內湖、大湖一帶，已經因為新農夫的集聚，呈現出了未來農村多元並包的活力。

## 半X時代：從種稻到種人、種村莊

賴青松親身經歷這幾年來深溝村新農內部的分化，也時常反思自身。因為把個人的信用度和整個村莊的新農信用度捆綁在一起，當新農夫的舉動可能引來老農或地主的不滿時，不自覺地把事情上升到整個新農與老農群體對立層面，把整體新農的生態系統看得比人重要，讓參與其中的人或覺得受傷或缺乏支持而轉往其他鄉村。

他說，五十歲以後，他的興趣不再是種稻，而是種人，種村莊。獨木不成林，他想要吸引更多對農村生活有興趣，對深溝有感情的人來到這裡，引入更多資源，讓更多返鄉青年搭乘內外力量，長成參天大樹，把深溝村種成眾人之鄉。而他希望能夠幫忙形塑深溝的生態體系，不只是自然生態的多樣，還包括社會生態的參差。

我把深溝內部的意見不和與路徑紛爭，比作武林門派內部的差異。顯惠很贊成這種說法，她自比楊過，顯然迥異於全真七子的武林正宗。然而，儘管深溝新農看來，彼此之間差異巨大，但是站在整個臺灣農村視角來看，深溝又有著顯著於其他鄉村的獨特性，他們被規模化農業的推崇者稱為「文青農夫」，言外之意，他們過於詩意而不切實際，並不是專業的農夫。

二〇一七年秋，楊文全曾與「文青別鬼扯」專欄作者鬼王在臺大的論壇上，開展過一場辯論，並同時在YouTube上直播。彼此針對慣行農業、規模化農業和小農、新農業與臺灣農業的未來，展開了針尖對麥芒的論爭，雙方的立場和論據都非常充分，似乎誰都說服不了誰。楊文全和賴青松卻在內部和外部的論爭中，更加明確了自己的選擇——半農才是臺灣農村的未來。

楊文全認為，拋開農村來談農業是沒有意義的。農業的工業化、規模化讓曾經多元化的農村消失了，專業農夫取代以往的農民，多餘的農村人都去到城市工作，農村變得越發凋敝。一個健全的農村不只需要農夫，還需要各行各業的人。在早期農村，農夫除了種田，還可以是理髮師、電影院經營者、手工業者……只不過現在深溝的新農夫們變成了科學家、報導者、建築師等，他們的專長和興趣剛好滿足了現代農村的新需要。或者說，因為這些返鄉新移民的到來，現在的農村才恢復了早期鄉村的生機。

「穗穗念」開張後，不只服務周邊鄉村的新老村民，還吸引了一些居住在宜蘭市和羅東鎮的居民。賴青松說，「過去大家都以為鄉下人沒有消費能力，其實或許正好相反，是鄉下沒有那樣的消費場域和空間氛圍，所以大家只好往都市去消費。」一個健康的農村社區應該跟城市社區一樣，擁有多元的服務業，但這些農村服務業又應該與城市服務業不同，與土地、耕種、食農有著密不可分的聯繫。

賴青松認為，現在的深溝村已經從半農時代進入到半X時代。居住在農村，可以種田，可以種菜，也可以什麼都不種，只是在鄉村生活。藝文工作者可以在鄉村承接專案，科學技術人員也可以在鄉村開展研究，有個人品牌和聲望的新農夫可以四處演講，引進外部資源，自主創業。暫時沒有一技之長的年輕人可以幫忙農人摘桔子、除稗草、採荸薺，或者在鄉下的餐廳、咖啡廳打零工賺取生活所需。鄉村的服務業越多元，年輕人自給自足的機率就越大。反過來，也是成立的。

楊文全覺得，深溝村優越的地理位置與獨特性，很適合半農半X地生活著。農業生產可以是收入，也可以是興趣。他們不需要找專職工作，時間靈活，人在哪，工作就在哪。在都市周邊一小時車程內，既可以服務農村社會，也可以服務都市裡的人。這樣半X生活的人越多，會形成另一種經濟社會模式的想像。「從這個角度上說，深溝依然是未來臺灣社會的制高點，代表了一種人類聚落文明在網路時代的新的可能性。」

從二〇一四年初次到訪深溝，我已經旁觀深溝發展七年。從此我的興趣轉向了可持續食農領域，搜集了海內外很多具有永續發展潛能的鄉村社區案例。無論是在美國居住的這六年，還是我長期作為對比觀察的中國大陸，每當我在審視這些案例時，不可避免地都會把深溝作為內置鏡子的另一面，來觀察和反思。

探訪和研究過的新型態農村越多，我越是期待深溝村的未來發展。生活在深溝村和周邊村落的這些新農夫，因為他們各自的生活態度、內心主張不同，也許彼此間會有摩擦與矛盾，也會有或長或短的合作，可是他們自身的獨特性或者說主體性，恰恰是商業社會下被模糊、忽視已久的。

因為他們的彼此不同，頭角崢嶸，才各自都吸引到了志趣相投的粉絲。他們與過往的農民不一樣，因此深溝也與以往的鄉村不一樣。它不是城市的反義詞，自身就足以自證，它是臺灣農村的新典範。

# 深溝村大事記

二〇〇〇年，賴青松、朱美虹帶著女兒從臺北搬到宜蘭羅東。

二〇〇四年，賴青松從日本返回臺灣，落腳宜蘭員山，開創「穀東俱樂部」。

二〇〇六年，雪隧開通，從臺北市到深溝村開車距離縮短至一小時。

二〇一二年，「宜蘭小田田」稻米工作室成立。

二〇一三年元旦，臺灣政府推出休耕地活化政策。

二〇一三年，新農互助平台倆佰甲成立，最早六戶家庭加入，在深溝務農。

二〇一三年，吳佳玲休學從農，成為全職農夫，創辦「有田有米」工作室。

二〇一三年，多元成家組織「土拉客」搬到宜蘭員山鄉。

二〇一四年，倆佰甲培育了五十戶新農，耕種水田面積達四十甲。

二〇一四年，深溝村第一家書店兼菜店——小間書菜開張，同時農民食堂開張。

二〇一四年，深溝國小針對四年級學生開設種稻課。

二〇一四年底，倆佰甲發起人楊文全就任宜蘭縣農業處處長。

二〇一五年一月初，宜蘭友善新農村論壇舉辦。

二〇一五年五月，宜蘭友善新農村論壇二・〇舉辦。
二〇一五年，記錄深溝國小學生種稻過程的《食農小學堂》出版。
二〇一五年底，深溝村舉辦「慢島、開村、志願農」論壇。
二〇一七年一月，慢島論壇二・〇「深溝亂彈」在深溝國小舉辦。
二〇一七年，美虹廚房開張。
二〇一七年春分，深溝村在農田邊舉辦新老農夫田間交接儀式。
二〇一七年，臺灣食農教育協會啟動了食育元年。
二〇一八年，賴青松和楊文全等人合辦「慢島生活有限公司」。
二〇一九年，科技農夫陳幸延的員山有機生鮮蔬菜宅配渠道「嘟嘟配」成立。
二〇二〇年底，賴青松入股的宜蘭在地食材餐廳「穗穗念」開張。
二〇二一年，「慢島學堂」第一期開張，十一位學員來深溝體驗務農。
二〇二一年六月，倆佰甲新農育成平台宣布暫告一段落。

# 臺中合樸篇

# 合樸農學市集：創造更美好的生活選擇

二〇一七年五月，臺灣合樸農學市集滿十歲了。

十年堅持做同一件事，對任何人的人生都不容易。作為全臺灣第一個固定舉辦的農夫市集，前無古人，只能自己摸索出一條路。

二〇一四年六月，在臺灣攻讀碩士學位的我，畢業前夕來到合樸農學市集，和合樸的夥伴們一起割稻、做窯烤披薩、手工炒茶品茶，老師耐心教授，夥伴細心提點。在臺三年，我極少感受到被這般真誠接納，整個人被手作與合作的愉悅包圍。

離開臺灣之後，一直對那幾天念念不忘，內心卻始終有種隱憂，這樣一個以「愛地球、照顧人、公平分享」為理念的農學社群，會不會只是小團體的自娛自樂？

二〇一六年七月，我帶著先生孩子再次造訪合樸。發現當時採訪的幾位夥伴，都在合樸實現了他們當時想達成的目標甚至走得更遠。而合樸農學市集也走出臺中市西屯區略微偏遠的永續教育中心，進入鬧市區開了一家「樹合苑」，一幢集商業與學習功能於一體的生態綠建築。

最讓我感慨的是，當時還只存在於每月一次的市集和教育中心課程上的咖啡部落、大豆部落、共同廚房……都有了實體的店面，彼此敞開又互相獨立，和之前並沒有兩樣，只是更被大眾所熟知。

趁著十週年生日，合樸在Facebook粉絲頁上，連發三篇宏文，規劃未來十年。只是偶然參與合樸的我，熱血在心頭湧動，一口氣把合樸從創立之初的部落格全部看了一遍，發現這樣一群可愛又可敬的人，聚集在一起，創造出了十年前他們想要的美好生活，並將之變成了更多人的生活選擇。

## 發想：什麼樣的美好生活？

回到合樸誕生的前一年，二〇〇六年臺灣農委會提出全新口號「新農村運動」。一方面回應賴青松等青年歸農的現象，推出「漂鳥」等計畫，鼓勵更多青壯年從農，提高老農的福利。另一方面推進「安全農業」，於來年一月頒布了《農產品生產及驗證管理法》。

但當彰化縣政府整治後的土地上，再次長出鎘汙染稻米，林口和八里地區出產的羊，檢測出致癌物質二噁英，民眾對本土農產品品質仍然不放心，農民也依然抬不起頭。

其實，從一九八〇年代的反公害運動開始，到一九九〇年代風起雲湧的抗爭運動，主婦聯盟和慈心有機農場等團體就在生活教育理念指引下，支持或直接從事環境友善、永續發展的有機農業生產。但多年來類似的事業體仍有限，大多數有機或友善小農只是為了自己的生計與理想而奮鬥，而且面臨銷售的難關。

二〇〇六年十月，臺中有機餐廳「東籬農園」老闆陳孟凱，為了幫南投的溪底遙學習農園賣柳丁，與負責人馮小非一起頭腦風暴，想要借鑒國外農夫市集模式，建立一個讓生產者和生活者（不只是消費者）相遇，互相交流、支持的場域。兩個分別從科技業、出版業跨進農業相關領域的思考者，馬上行動起來，找來長期從事社會工作的臺中靜宜大學陶蕃瀛教授和九二一地震後一直在中部參與重建的社區工作者許婕穎，組成一個產銷學做四方面俱足的核心團隊。

什麼樣的生活是他們想要的美好生活？經過近半年的溝通，「好好生活、好好務農、好好吃飯、好好讀書」的目標浮現。不只是要辦一個市集幫有機小農賣產品，還要讓生產者與生活者互相學習，透過課程、講座、市集，拉近生產者與消費者的距離，回歸到他們的初心——營造適切的社會關係。因之是「農學市集」而不是「農民市集」。

農學市集取名「合樸」，寓意眾人合作，共同實踐合作、簡樸的幸福人生，另一面，合樸的諧音很像hope——希望。

有了良善的發想，最大的困難是什麼？拜託農夫來參加市集。當時敢於從事有機農業的農夫多少帶著理想主義氣質，他們的農產品因為賣相不好，價格偏高，在傳統市場或政府的展售會上被忽視，很少人在意他們付出的心血和背後的理念。他們對新生的市集也並不抱希望。

幸好四位創始人都深耕中臺灣多年。進入二〇〇七年，他們的主要工作就是產地拜訪，到農友的地裡和他們聊天，既瞭解他們的耕作方法和經歷想法，也表達出自身的理念。

「如果可以讓更多社會大眾認識有機農業，就可以有更多農友採用有機農法來照顧土地，整體的環境就能永續維護，生產與消費的距離也會更接近，甚至可以逐漸形成一種互助合作的生活模式。」

最開始他們希望參與的農夫都能做到有機認證，但小農的耕作面積小，也付不出有機認證的費用，所以調整為提供無農藥殘留證明即可，但進入的農友都要加入到聚會交流中，還要開放場地讓志工消費者實地拜訪，建立信任。拜訪農友、製作電子報和市集DM廣告的同時，東籬的園藝師傅開始整修市集場地，就是在陳孟凱的東籬農園，自當年九月開始改為佛教道場法鼓山寶雲別苑，但每個月第二個週六上午九點到下午兩點，仍然開放給合樸舉辦市集，十餘年不變。

這是位於臺中西部郊區的一大塊草地，生長著幾棵百年七里香和桂花樹，一棵高聳的鳳凰樹等待著五月市集開始時綻放出鮮豔似火的花朵，環繞著這幾棵樹的一曲流水，鋪上了田田荷葉，幾顆含苞的花朵翹首以待來逛市集的人們。「結廬在人境，而無車馬喧。」彷若桃花源的市集所在地，也成了日後許多人扶老攜幼出行的一大理由。

二〇〇七年五月五日，合樸第一次農學市集開集。除了有十多位農夫帶來時令蔬菜水果，還有來自南投、埔里、苗栗甚至臺北的夥伴團體來撐場子，分享新書、環保遊戲、手工拼布和娃娃，還有有機茶介紹、清潔用品測試等等。相比於一般有機產品，來採買的消費者發現，這裡的蔬菜價格也很實惠，一包只要新臺幣三十元。買完菜後，還能買一份用農友蔬果現場製作的三明治、涼麵，坐在清幽的草坪上，和家人朋友一起野餐。

一直以來單打獨鬥的友善農友，在合樸農學市集發現了許多跟自己一樣「傻」的人，感覺到強大的連結。還有好些觀望的農友，以消費者身分來考察過之後，開始主動申請加入合樸。

美好生活，有了一個模糊的樣子。

## 建立，怎樣做到美好生活？

「我們相信，美好生活需要眾人合作，和諧、志願地簡樸過活；

簡樸的生活需要從農藝生產和學問反思開始；

而實踐簡樸、合作、和諧的生活，需要一群人交流切磋，互助支持；

所以我們在此相聚，希望和你一起學習：

好好務農，好好吃飯，好好生活，好好讀書。」

什麼是他們想要的美好生活，怎樣做到，都在這「四個好好」裡頭。市集只是這「四個好好」的呈現方式。

自二〇〇七年三月開始，好好務農，好好吃飯，好好生活，好好讀書四類課程就分別上線了。請來中興大學教授專門教有機栽培，從花蓮請來種植銀川米的農夫親自煮飯，陶蕃瀛教授開設每月一次的讀書會，好好生活則從清潔劑開始，學習做「清潔達人」。

會來上這類課程的，大部分都是理念相投的人。每個課程開放名額都很有限，好好吃飯課程幾乎次次爆滿，最受歡迎，到後來逐漸開成了好幾個系列。

黃學緯是「好好吃飯」的老師。他的豆之味有機豆腐專賣店開在新竹湖口老街上，聲名遐邇，是素食者陳孟凱一直想要爭取的合作農友。二〇〇八年初拜訪了黃老師的工坊後，陳孟凱就邀請學緯在合樸開班教授豆腐課。豆腐行業一向密不外傳，黃學緯則是幾經磨難才叩開老師傅的門，他樂於讓更多想學做豆腐的人有師可拜。

更為重要的是，他希望借助推廣豆腐，讓更多人瞭解到豆腐背後的黃豆真相：臺灣人每天都會吃豆腐、喝豆漿，卻已經有三、四十年不種黃豆了！現在每年進口的兩百三十萬噸黃豆，百分之九十五以上是轉基因的，而臺灣的原生黃豆幾乎已經絕種。「只要有豆腐店願意買臺灣黃豆，就會有農民肯種了。」幾經嘗試，他堅定了這個市場原則，從一個門外漢熬成了專業的豆腐師傅，開起了有機豆腐專賣店，還專門撰文，鼓勵「年輕人，來做豆腐吧」。

他希望透過豆腐班集結一群夥伴，用社群的力量支持臺灣種植黃豆。二〇〇八年六月六日，薪傳豆腐達人入門班正式開課，還未發出正式公告，合樸內部就報滿了。第一堂課就是介紹有機黃豆的知識，從一開始，合樸就是希望傳承豆腐文化，培養鼓勵學員以豆腐為志業，並不只是開一個豆腐技能補習班。

豆腐班受歡迎程度超過了合樸的所有課程，每季開兩到三次班，慢慢根據市場需求，開設起先修班、進階班、實作班和假日班，許多學員遠從高雄、臺北來上課。幾經考慮，後來孟凱把豆腐課從臺中開到了臺北。十年下來，開設了四十多個班，學員超過五百位。許多學員回到家鄉開設社區豆腐坊，最遠的一家開到了澎湖；曾經的學員變師傅、變老闆又變成了合樸的農友。豆腐班也成了合樸最穩定持續的收益來源。二〇一五年，合樸新開設的事業體樹合苑中，豆腐料理、豆腐體驗導覽、豆腐教學，就是其中最重要的營收專案之一。

「好好務農」是合樸在市集創立之前就在努力推進的一個重點。最開始請來的老師因身體原因無法完成所有戶外教學，合樸就從合作農友中，請來四位擔任務農講師。一直到二〇〇八年三月，臺中正五傑公司友情提供三分地作為合樸公田，好好務農課程才得以有序地開展起來。

二〇〇九年初，合樸搬到正五傑公司提供的新場地永續教育中心後，開始全面照管公田。有過杭菊種植經驗的陳孟凱邀請了專業的曾師傅，帶領十位學員，開始了杭菊種植課程。雖然經歷莫拉克颱風，讓怕水淹的杭菊損失八成，但也因為這片田地，吸引到了許多意想不到的緣分。

蒲公茵托兒所園長志工Maggie帶領托兒所從大班到小班的兒童到公田來學習務農，挖土、種菜苗、回填土壤，一群三、四歲的孩子沒有人喊累逃跑，反而還帶著自己的父母來澆水。他們在學校做遊戲時玩出的「丫八茶店」，後來整個搬進了合樸農學市集，和合樸種茶農友合作賣茶飲，吆喝、點單、溝通、泡茶、結帳、找錢，每一步都是孩子們親力親為，來打氣的父母都覺得備受鼓舞。

附近的永安國小繼而邀請合樸去食農教育推廣與校慶日擺攤，教小朋友、家長和社區居民認識廚餘堆肥、菜種菜苗、農友和工具，現場還有豆花製作。永安國小的小朋友開始輪流來公田學務農，菁英小學普林斯頓也隨之效仿，逛市集做志工、邀請合樸開市集，食農教育開始風靡到校園。

因為半年多以來與孩子們的緣分，二〇一〇年，合樸接受臺中市農會四健會《創新鄉村青少年發展計畫》邀請，共同規劃食農教育親子學習營隊，讓孩子們體驗辟地、翻土、造畦、植苗、護芽、除草、澆水、施肥的每一步。請來專業繪本老師共同閱讀與食農有關的繪本，再根據每天與土地、昆蟲、鳥類、夥伴打交道的紀錄，親手做出一本書。教課的幸玲老師後來也成了合樸志工。

越來越多人加入合樸，也有越來越多理念相似的夥伴進駐市集。每個月不同主題的市集，都讓很多人逛得停不下來。許多人對合樸最大的感受是好玩。買新鮮食材的同時，還能跟農友或不期而遇的朋友閒話家常，學習新知交換資訊。逛累了，隨便找塊草地坐下來，吃著農友、手工廚房新鮮出爐的美食，聽著荷花池邊涼亭上，一群素人中年民歌愛好者組成的清韻合唱團悠揚的歌聲，也可以很有意義。

濃濃人情味，好玩有趣的氛圍，讓很多學員、消費者變成志工。阿雅從豆腐一班學員變成豆腐班課程的「行政助理」，也在市集擔任手工廚房一年多的主理人。她說，雖然每次活動結束後，都覺得很累很累，但還是很想去合樸玩，做志工不覺得是一種付出，反而覺得玩得快樂，玩得很滿足。

看完合樸從二〇〇七到二〇一五年的部落格記錄，可以看到許多熟悉的名字在不同階段出現。消費者、學員、志工、農友、夥伴，他們在不同的身分中轉換，也發展出自己的故事。

出版社編輯麗卿因為偶然一次採訪認識合樸，在臺北工作的她，為家鄉臺中能出現這樣良善的團體而興奮不已。在孟凱邀請下，麗卿每個月第二個週末特意趕回臺中娘家，擔任市集記錄志工，長達一年多，中間還在市集擺攤賣起二手布衣。在合樸升級二・〇之後，她成為《合樸幸福抱》編輯志工組長。

好食光生活廚房的柯亞從消費者變成了參與農友。「在合樸學習到的除了對環境的友善，最重要的是善的互動。大家彼此學習分享，一起成長，沒有什麼比這更動人的了！深切感受的是即便被資本主義主宰的商業環境裡，合樸小小圈如同烏托邦一樣的存在著，不抵抗，只是過自己想過的生活，坐而言並也起而行。比較慢，沒關係！因為我就喜歡慢慢來！」

對阿雅他們來說，吃著喝著玩著，就找到了理想的美好生活，還能找到一群人一起成長，是多麼幸福的事。而對合樸而言，讓每個人在吃喝玩樂裡形成穩固的向心力，就達到了他們原本的目標「以社群支援農業」。

## 維繫，好的制度讓社群成長

最開始，合樸的自身定位是個公益團體，沒有工作人員，無論市集還是課程，都仰賴志工的幫助。頭幾次市集的志工同學，都來自陶蕃瀛教授曾工作過的東海大學社會工作系和當時工作的靜宜大學兒童與青少年福利系。很快地，農友和學員變成了合樸的志工，一起來為合樸的發展獻計獻策。

二○○七年年底，合樸農友大會上，大家得知這一整年來，都是在孟凱以每個月虧損新臺幣七到八萬元維持運轉，深受感動。負責記錄的東海和平咖啡館負責人江育達說：「農友們在乎的不是能為自己創造多少收入，反而希望可以為孟凱大哥少虧損多少錢或打平成本，甚至可以得到利潤，讓活動可以持續地舉辦下去。」

很快，農友們行動起來，各施所長，組成市集組、課程組、網路組、農產品企劃幾個志工組。一些消費者甚至只是逛合樸網站的網友，也被吸引加入到志工行列。

在全球素食網工作的藹文，發現合樸的手工廚房一直都在推動素食料理，積極投入，慢慢從志工成了志工組組長。在安排志工工作時，她發明了一個「時段認養」的辦法，一直延續至今。她發現市集日是最需要人手的時候，可是如果一直做志工就沒辦法去逛自己想逛的攤位，於是她設計了一個兩小時一組的「時段認養」表格，每個人只要完成認養的兩小時就可以去吃吃買買，很受歡迎，每次市集前一週左右，掛在合樸網站上就能被認領完。後來她察覺到，許多當天來逛的消費者也想做志工，無奈只能報名後下次再來，於是推出了「實習志工」崗位。當天就能在老志工的帶領下，當上志工，做導覽、協助農友擺攤，甚至參與市集的理念攤位「環保完投手」和「食器貸出」。

「環保完投手」理念，二○○八年初最早由農友左莉貞提起。她覺得合樸作為一個宣導簡樸、和諧、永續生活的場域，不應該出現大量的塑膠袋、免洗碗筷、試飲紙杯等垃圾，於是拿出三十六塊手工皂，作為獎品，鼓勵消費者自帶購物袋。經過合樸農友的討論，根據臺灣風行的棒球比賽原則，創造出「環保完投手」概念——消費者在五個農友攤位都沒有使用塑膠袋（或者自己帶塑膠袋）過來，得到農友簽名，加上自備環保餐具，就能得到「完投」禮物。同時鼓勵完投手們，捐出家裡沒有用的塑膠袋給合樸，讓農友再利用。這部分後來專門發展成了「帶袋相傳」攤位，至少捐出兩個可重複使用的袋子才算完投。

合樸一週年，又試辦「餐具出借」，之後發展成刮、噴、擦三步驟都由消費者自行完成，市集結束後再由志工統一清洗，這個專門攤位叫做「食器貸出」，也屬於環保完投的一個環節。

為了推廣這些環保理念，需要多增設「環保小天使」志工崗位，有時候因為志工解釋不到位，也因為環保完投的難度越來越高，讓消費者失去耐心。二〇一〇年六月，志工們發現，因為完投禮有許多農友提供的折價券，為了拿到特定農友的折價券，消費者會討價還價，甚至生氣。這讓志工們感覺失去了做這個活動的意義，為此當時市集的負責志工家豪特意發信給所有農友，徵集大家意見。最後，他們暫停折價券，回到最初農友捐贈環保禮物，在最後兌換禮物時與消費者溝通的原點。

發現問題，提出問題，解決問題，自由平等的氛圍，是合樸社群保持活力的一大原因。

另一個原因，許多來市集的消費者都能感受到——共同合作培養出的信任和默契。

市集運作不久，孟凱就提出了「帳篷三合院」的構想，由四個農友共用兩到三個帳篷，而不是一人一個攤位，並加入熟悉的志工和消費者成為農民之友，在「三合院」中互相合作，互相幫忙賣熟食、報價、收錢，提高收入，還能解決人手不足問題。農友們很快理解到用意，三合院不只是相互關照，也能相互激發出不同的創意，比如做手工皂的莉貞，用美濃「兩袋米」的米糠做出了米糠皂，做可食用有機玫瑰的「玫開四度」，利用盧秀紅阿姨榨完汁的葡萄柚皮蒸餾出葡萄柚精油，不止變廢為寶，還發揮出一加一大於二的力量加乘效果。

從帳篷開始，合樸從四個人的合樸，變成了大家的合樸。連續一年多記錄市集的志工麗卿寫道，「合樸最吸引人（或者說，吸引從來不愛團體活動的我）的特質，不只是農友們所提供的健康、無毒的蔬菜水果，也不只是夥伴們對環境、對土地友善的共同理念與實踐，更是強調個人色彩的現代社會中，這種已瀕臨消失的合作精神！」

除了農友、志工們本身的理念之外，合樸本身設計了許多做法和制度來保障這種精神。合樸從設計之初就不只是為了買賣，早期的農友「產地拜訪」，讓消費者、志工一起在農友的田裡家裡參訪，共同分享彼此食物與經歷；每週二傍晚的共同廚房與沙龍，用以務易物的方式協力準備晚餐，結束後的沙龍活動上，分享自己的生命故事與感悟；豆腐班等手作教學、協力造屋、舊屋綠改造等共同勞動的體驗，讓每個參與到合樸的人都被看見、被瞭解、被尊重。

每月市集結束後，農友們都要參加檢討會議，一起收帳篷、為當月生日的朋友慶祝，總結經驗和不足。每年一次的農友大會，所有農友志工都會受邀出席，感謝、總結、投票通過新一年的目標。禮盒設計等專案，就是由有興趣加入的農友共同討論，投票選舉總負責人，再分行銷、文案、聯絡崗位等志願出力。

每次課程結束後，合樸都會建議學員們成立社團，除了聚餐聯誼，更重要的是在社團中成長。看得見地成長和精神享受，讓付出都變得值得。如果社團也在大家的共同努力下，快速成長，甚至成為個人的工作、志業，反過來也會讓個人對團體產生更強的向心力，領悟到「這不是誰的合樸而是我們的合樸」。

合樸咖啡班的開辦到公平貿易咖啡部落的誕生，就讓人看到了這種社群的力量。

東海和平咖啡館從二〇〇七年就一直是合樸的夥伴。負責人江育達致力於推廣公平貿易咖啡。二〇一一年，江育達準備關掉咖啡館去澳大利亞打工留學，但他並不希望，自己的離開，讓公平貿易咖啡失去了與合樸消費者的連結，他接受孟凱邀請決定在合樸開班，將一身的咖啡本事與公平貿易的理念熱情，傳授出去。

課程介紹裡就強調了這不是咖啡養成班，也不是一兩天可學成的學問，需要學員致力於推廣公平貿易咖啡理念。四週課程結束後，學員們組成公平貿易咖啡部落，共同練習，持續邀請孟凱好友吳子鈺來提升學員對公平貿易的學習。吳子鈺在印尼蘇門答臘島支持當地農民以有機方式種植公平貿易雨林咖啡，他以高於市價百分之十的價格收購，並將部分利潤作為當地最高學府蘇北大學森林系的獎學金和研究經費。學員們在合樸市集販售子鈺的公平貿易咖啡。每週二晚還在合樸開設咖啡沙龍，共讀共用。臨床心理師Emily在自己也需要紓解壓力的時候，就跑到合樸來泡咖啡，「手沖咖啡的過程，可以讓心靜下來。」在與不同專業與想法的夥伴合作完成部落工作的過程中，她發現，「在這裡有事大家會自動補位，這在職場很少見。」

慢慢地，咖啡部落的營收足以支持部落獨立運作。這也催發著合樸內部其他團體的成長，豆腐課程社團變成了大豆部落，釀造部落、臺灣米部落、市集運作部落、預購取貨部落等十多個部落像美國的各個州一樣，獨立又聯合在合樸「聯邦」裡。每個部落，又負責起原本合樸內部的不同專案計畫。

這也意味著，合樸開始了從初始版本向二・〇的升級，從公益團體開始走向獨立自給的社會企業。

## 發力，從公益團體走向社會企業

二〇一一年，合樸開始在社區內部試行社群貨幣。這個舉措是為了解決合樸內部越來越明顯的勞逸不均現象。合樸從早期一直仰賴志工的無償付出，許多熱心農友本身也是志工。比如每次市集開張，早到的志工農友往往把帳篷合力搭好，晚到的卻坐享其成。如果有人計較，又容易影響合樸凝聚力，但長期建立在道德和愛心根基上的事業不會牢固。二〇〇八年四月，合樸就曾籌備建立志工組織，規定每個成員需一年繳交小額會費，一年內為合樸市集服務三次以上，得到回報是每個月的第一個週日，志工們固定去農友產地拜訪、聚餐，參加共讀會等。但實際上的約束力並不大。孟凱提出了「社群貨幣」構想，希望借此解決這個問題。

社群貨幣的核心理念以務易物，以物易務，或者以物易物，降低對新臺幣的依賴。只要是合樸內部的農友、志工夥伴，都有持有和使用社群貨幣的權利。怎麼計算每個人的時間精力付出可以兌換多少V幣，屬於合樸內部機密。

比如說，參加每週二晚上的咖啡沙龍，面向消費者是收取新臺幣，而合樸夥伴可以用一百V幣（社群貨幣名稱）取代。在市集上幫忙的志工、農友可以以付出等量勞動得到的V幣來換取蔬菜水果，而農友夥伴們，也可以用自己的物品、V幣，交換別人攤位上的產品。

「豆之味」的學緯用自家豆製品換來「衣衣不舍」攤位的二手布衣，老爸問起多少錢的時候，說「不用錢」，一臉驕傲，老人家也開心。

幾乎與此同時，孟凱開始聘請一些對友善食農有興趣卻暫時找不到相應工作的年輕人，成為合樸的正式員工。一方面給予機會和空間培養他們，一方面也讓他們進入到社群貨幣無法完全進入的領域。比如合樸公田需要持續有人服務，僅靠志工的輪崗是無法料理好的。

社群貨幣的設想讓四分之一的合樸農友離開，這對當時已經漸入佳境的合樸而言無疑是個打擊，但是也讓留下的農友凝聚出更強的共識。留下來的資深夥伴成為合樸的中堅，比如moment手工皂農友莉貞接任市集經營部落頭目，志工雪華擔任公平貿易咖啡部落頭目。社群貨幣權責清晰，在使用的過程中，卻比金錢交易更富於人情味。社群貨幣機制，讓合樸開始真正成為一個互惠型的有機體。

如果說社群貨幣是合樸凝聚內部意識的利器，那麼《合樸幸福抱》和合樸農學市集新網站的推出，是合樸開始走出去、秀出來的重要標誌。合樸將曾經以部落格形式記錄、tw作為功能變數名稱尾碼的網站，更改為一個更清晰展現合樸的綜合網站，功能變數名稱尾碼也改為了net。消費者可以簡潔地查看到每個課程、各部落活動、沙龍講座、共同廚房、產地拜訪內容和預購取貨的日期。同時，原本黑白手繪的市集DM海報，也升級成為四折雙面彩印《合樸幸福抱》。

合樸的能量越大，吸引到的夥伴就越多。大家各自帶來的能量，也被合樸吸收進了自身的理念。生態建築師孫崇傑在霧峰山上種稻子，他的絲、田、水、舌「細活」理念，就被引用成為合樸架構的一部分；他擅長的居家堆肥、生態廁所搭建、協力造屋，也都成為合樸二・〇期間重要的成長內容。從大地旅人環境工作室和花蓮大王菜鋪子處瞭解到的「藏種於農」，也被合樸轉化以企業支援農業的專案計畫。

打開合樸現在的地圖，一顆大樹下，有許多細枝在成長，喜歡木工、鐵藝的，會做饅頭蛋糕的，都在合樸找得到自己的位置和空間。合樸似乎有一種海納所有美好事物的野心和能量。這麼龐大又枝枒旁出，會不會亂掉呢？

創立合樸的前兩年，陳孟凱受法鼓山禪宗影響，二〇〇九年接觸到了源自澳洲的樸門永續設計課程，兩個禮拜在臺東原住民部落的浸入式學習，幫他打通了任督二脈，對如何運作合樸這樣大的社群有了清晰的理路。樸門永續生活設計，觀照的是一個生態系統的共生、分享，他把原本用於自然設計的理念，運用到社群的共生共用中，實踐出了一種「社會性樸門哲學」。

樸門，英文為Permaculture。由permanent（永久的）與agriculture（農業）、culture（文化）這幾個單字組合而成。在臺灣，有人音譯為「樸門」，也有意譯為「永續生活設計」，但無論是哪一個，都是希望藉由友善且有創意的方式善待地球，並且減少能源、人力與物質的不必要浪費，營造一個生生不息的美好環境。

合樸二・〇的運作，一部分來自樸門設計觀念。「整合取代分離」的原則，讓合樸內部的各個部落既滿足自身所需又相互支持滋養。合樸眾多部落、課程、活動，都是由多種多樣的人來推動觸發，在合樸每個人和物的獨特性被尊重。

舉個例子。豆腐班、社區豆腐坊每次榨完豆漿的豆渣，大家都不想浪費。一個會做饅頭的豆花店老闆灣華上了豆腐課後，回去把店裡的黃豆都改成了非轉基因的黃豆，還將豆渣磨成粉揉入到麵粉中，發酵成豆纖饅頭。他學會後，教給其他志工、學徒，豆纖饅頭成了市集和樹合苑的秒殺產品。夥伴們一直以來都是租用他的豆腐坊設備，省去了許多成本不說，社群夥伴們緊密合作、無私分享，才是這其中收穫的最珍貴的社群精神。

從二〇〇七到二〇一一年，四年的時間裡，合樸真的經營出了他們創立之初想要的那種適切的社會關係。「青澀的合樸，已亭亭玉立，明確走出『社群支持型農業』的清晰樣貌。」

## 創業，培育永續生活的人才

二〇一四年，我第一次到訪合樸，就被一種強大的幸福感包圍。

星期二的咖啡沙龍，夥伴們一起在教育中心外做窯烤披薩。窯是大家手工搭建起來的，那天下午，幾個志工提早過來發麵、清洗蔬果。所有食材都是農友自己種的，醬料也由農友加工製作。初次見面的農友鼓勵我自己揉麵，放自己喜歡的蔬菜，推著親手做的披薩進窯，握著長長的鐵鍬推展三十下。披薩新鮮出爐，每個人看過都說做得好。有人教我怎麼切披薩，這一招我到美國以後都還記著：先一刀下去切中外緣餅皮，再往裡滾切就容易了。

參與了幾次合樸互動，感受最深的是，我說到自己想卻不敢做的時候，他們當下就鼓勵你去做。我說長大後沒下過田，負責公田管理的中翊就慫恿我穿上他太太的農作服，去田裡幫忙另外一位夥伴收割。每次在臺灣都要解釋很久的大陸學生身分，在這裡變得不重要，他們更看重的是你的夢想、你擅長的是什麼。

在合樸的那四天，真感覺是烏托邦一樣的所在。等到二〇一六年再度造訪，我坐在樹合苑二樓公平貿易咖啡部落，雪華姐像兩年前給我泡咖啡一樣，用重複了無數次的手沖技法，端上來一杯曼特寧。看著樓上樓下錯落坐著許多客人，我生出一種夢想照進現實的時空交錯感，恍然明瞭了合樸三・〇創業轉型後的具體模樣。

樹合苑是由釣蝦場改建而成的生態綠建築，在鬧市區卻沒有空調，用八個集裝箱和回收的木板，搭建出兩層空間。一百多種花果樹菜種植在這個一百六十坪的空間中庭，四周有三個專業廚房，用來做豆腐、料理和共同手作，雨林咖啡，生活小鋪，原住民的部落e購推廣，與友善書業合作社合作的樹池書坡……我遺憾沒能親自參與的合樸市集美好生活，就這樣活生生呈現在眼前。每週還有學校、團體預約的導覽，生態廁所、雨水回收系統，尤其是自己親手做的手沖豆花，讓每個孩子念念不忘。

與其說樹合苑是個商業空間，不如說他們是在分享合樸的日常生活。從農村到郊區市集再到市中心，美好生活的想像，在城市與鄉村之間流動。這樣的商業形式，也走出了一條獨特的環保與商業雙贏的路。他們既教育消費者，又把消費者變成自己的志工、夥伴乃至農友。

二〇一七年，合樸十年。市集仍是在老地方，攤位從十幾攤變成了四十幾攤。合樸原有社區豆腐坊、參與式創業的構想上，推出「食農店長」師徒制度，配合合作學課程，吸納更多理念夢想相同的人加入合樸，培育永續生活的人才。而合樸則以過去十年的經驗和能量，助力每一個嚮往可持續幸福生活的人，完成自己的夢想。合樸下一階段規劃，透過真實有溫度的商業，與相關人群一起努力，平衡生計照顧、生活熱情與生命意義，實現可持續生活的幸福人生，最終實現人與人，人與大自然和諧相處的願景。

聽上去有些虛幻，但從豆腐課到十幾家社區有機豆腐坊，合樸慢慢耕耘了九年，超過三百位的種子學員，建立起的實習生、學徒、助理、副手到師傅的師承制度，探索出從加工到銷售一整個足以自立於商業社會的網絡。

有信心也有理由期待，合樸的未來十年會探索出一條不一樣的路，至少讓少部分的人先過上這樣的美好生活。如果你有機會去到臺中，別忘了去樹合苑感受一下鬧市中的寧靜，浮華中的簡樸。也許你會像我一樣，會一次次想回去看看，甚至因此，把臺中作為未來最想定居的城市之一。

## 樹合苑：美好生活的具體實踐

「小朋友，有沒有看到門口這棵高高的樹？它是什麼樹？」宏明大哥赤著腳踩在砂石土上，他的聽眾是二十來個六、七歲的孩子，還好他準備了別在腰間的小麥克風。

宏明大哥說這棵老楊桃樹已經八十歲了，讓我訝異。樹葉稀疏，並不顯年紀，反襯得身旁黑鏽色的鐵藝架格外亮眼，一層一層長滿綠色，花和果的顏色形態卻不一，聽導覽才知道是象徵自然的百花和百果。

樹合苑頂部裝置和路旁郵筒，看得出都是汽車廢舊零組件，焊接改造後是

高聳大樹下的樹合苑，舒適悠閒的氣氛吸引人潮聚集歇息。（作者提供）

意想不到的粗獷恣意。這些都是「黑手玩家」赤牛仔、阿默夫婦的傑作，看似簡單卻藏有巧心，廢棄的也可以成為藝術的，關鍵看你怎麼利用。

變廢為寶的綠建築，不用開冷氣卻能做到很清涼，小手一沖就能把豆漿變豆花，想想就能讓孩子們問上十萬個「為什麼」。我們去拜訪的時候剛好是二〇一六年七月底的一個週六，樹合苑按例公休，只接待團體預訂的導覽，那天來的是臺中市律於美文理藝術補習班的幾位老師和五十五個孩子。

人數太多，宏明大哥把他們分成了兩批，一批在教室聽臺灣黃豆的真相——為什麼要種臺灣黃豆，又為什麼要號召大家一起來做豆腐。另外一批則隨著宏明大哥的解說，從頭到尾地參觀一遍樹合苑。

## 釣蝦池變成樹池書坡

樹合苑進門右手邊就是一大壺清涼的大麥茶，上面寫著「奉茶」二字。奉茶，是臺灣早期開在路邊的小店為過往客商提供的免費茶水。從熱浪滾滾的中清路走進綠意盎然的樹合苑，再加上一杯奉茶落胃，心都清淨了下來。

奉茶櫃檯的後頭，就是整個綠皮屋內部裝置的第一個貨櫃箱，裡面擺放著原住民各個部落的手工和文創品。抬頭就是農友們的生活小鋪，不只賣他們種的農產品、加工品，還有相關的手工、T恤，甚至做豆腐的工具。我不會告訴你，我買了一套扛回大陸，輾轉各地又帶來了美國。

徑直走進去，就會看到一個一級級階梯凹下去的木造空間，這裡是整場導覽的第一個重點。

「小朋友，你們都知道我們這裡原來是做什麼的嗎？」

「釣蝦場！」

「對，那你們知道我們站的地方以前是做什麼的嗎？」

「釣蝦池！」

曾經的釣蝦池，現在變成了一個可以坐著喝咖啡、吃豆花、品料理，甚至只是簡單看看書的地方。現在這個區域叫做「樹池書坡」，是樹合苑的書店空間。周邊擺放著好幾排書架，上面放著農友推薦、從友善書業合作社購買的書籍，打開來裡面有一個專屬碼，可以連接到友善書業供給合作社——一個和合樸農學市集有著相似理念的非營利組織。

釣蝦池改建的時候，原本可以直接找一些土壤來回填。可是在合樸的理念裡，每一個步驟都不是這樣簡單，他們不希望土壤只是被這樣一次性的利用。秉著「把問題看成是資源」的樸門理念，因地順勢地開發成階梯陷落空間，整個空間也無形中挑高了，坐在裡面看書，竟然有一種天井中酣讀的沉浸感。因為屋頂被設計成了玻璃頂棚，自然採光，書店區雖然種了很多樹，還是會影響閱讀。於是合樸藍染老師儷予在樹池書坡上方，設計了一個波浪形的布簾，用傳統農村舊式晾衣杆，人工控制多片布簾的開合。正值中午，所有的布簾撐開，陽光灑落，布簾上盛開了一朵朵藍色印染的樹葉圖案，合樸的一群夥伴用錘子把真正的樹葉錘了上去。樹合苑的「合」，許多時候仰賴這種小設計的儀式感。

樹池書坡邊緣，幾盞椰子殼加鐵組件設計而成的燈，吸引著孩子們摸摸碰碰，有些不敢相信這些平常甚至無用之物，竟能化為神奇。整個空間的鐵藝裝置，包括二樓公平貿易雨林咖啡店鋪內的桌椅、燈飾，都出自合樸農學市集的好夥伴「黑手玩家」赤牛仔夫婦之手。他們匠心獨運，把汽車避震器變成了咖啡桌底座，漂流木加免洗竹筷編制成方形竹燈，舊式藤箱套上一個鐵架子就成了獨一無二的茶几。一塊舊時三合院的門板，鋪在榻榻米上，自成一片經過時光磨洗的角落，是整個樹合苑最夯的位置。

## 陽光、空氣、昆蟲和雨水

整個樹合苑，除了貨櫃吊進切割，水電及泥水請了專門工班來做，許多細節都是合樸的志工、農友協力改造的。二〇一四年雲林農業博覽會棄置的貨櫃和棧板，被合樸運回了臺中。木棧板切割後疊加成了一樓到二樓的木階梯和平台基座。合樸始終有這樣的理念，「你不需要的東西，可能就是別人需要的」。在自給的同時把多餘的分享出去，也是照顧人、愛護地球的一種方式。

站在樹合苑最中間共同廚房前的空地，明亮的陽光散落頭頂，就像是站在四合院的天井裡，敞亮卻感覺不到悶熱。宏明大哥說，小毛老師將原本鐵皮圓屋頂改建成太子樓，利用熱空氣上升的原理，讓它們從太子樓突出屋頂外的眾多天窗排出，而冷空氣則可以從另外西邊的窗戶，穿過池塘和樹林吹進來，在一百六十坪的樹合苑挑高空間內，流動生風。配合噴水降溫系統和吊扇，在城市熱島中心，沒有冷氣也感覺舒適。

那時我的女兒才一歲三個月，白天還有兩個小覺，那天她躲在樹池書坡的樹蔭下，在推車裡安穩地睡了四十分鐘。大熱天裡不開空調就睡不踏實的熱體質小娃，頭上居然一滴汗沒冒。她睡得如此安然，讓我想起小時候，在自家坪院雞爪梨樹下午睡的時光。那時候也覺得熱，卻不像現在離了空調就似乎沒法在炎熱夏季活下去。也許有回憶的濾鏡，但有流動的風，相對自然地鳥語蟲鳴的環境，可能更有助睡眠吧。樹合苑的太子樓式屋頂設計，不僅開了很多氣窗，還開了一個洞，讓很多昆蟲、蝴蝶、蜜蜂、鳥都可以進來，聽說還有鳥兒在裡頭築了巢。

和陽光、空氣、昆蟲們一道進入樹合苑的，還有雨水。臺中夏季雨水多，樹合苑在屋簷旁設計了槽體，把雨水收集到屋頂下方的五個水箱裡，總共容量五千公升。如果雨水太多，溢流下來怎麼辦呢？別擔心。

因為樹合苑單獨設計了一個不需要沖水馬桶的生態廁所，原來釣蝦場遺留的化糞池，就變成了雨水儲存池，它連通著臺中市政府鋪設的下水管道。而雨水從上而下流下來產生的動能，則可以供給整個屋頂的灑水系統，自動澆灌屋頂鋼架上種植的花草。整個雨水回收系統被設計成了一面綠植牆，黑色的塑膠水箱和曾經的化糞池恰當地隱藏其中。這樣一看，樹合苑不只是一幢房子，更像一個公園。

## 把生態廁所搬進都市

這公園最讓人驚嘆也最受關注的，就是生態廁所。站在共同廚房天井看，生態廁所只是一座掩映在綠藤竹林後的鄉土美學小屋，走近了卻生出一種回到奶奶家的親切感。聽宏明大哥的導覽，才會明白這種親切從何而來。

這座小木屋，是合樸的農友志工們，親手搭建起來的。整個房子沒有使用一根釘子，尤其是穿斗式「大木作」的樑柱，是志工們一手鑿刀一手錘子，在回收的木板上鑿出。採用穿枋結構橫向貫穿成一榀構架，就是現在生態廁所外牆雛形。立柱時，厚重的實木也都靠合樸的壯丁們，一片片地組合起來。再以紅磚水泥作為基座，竹編立面為窗，三間相鄰的廁所才算完成。

廁所內部採用現代蹲式馬桶設計，卻沒有沖水設備。排便入坑後，加入木屑和稻殼，再根據提示，轉動安裝在牆上的圓盤，充分攪動排泄物，動作簡單，並不覺得麻煩。處理攪拌後的糞便經過六個月發酵會變成富含養分的黑土，尿液則會在坑內另行放置的糖蜜催化下變成水肥。二〇一六年七月底我去參觀的時候，三間生態廁所只開放了一間，另外兩間就處在閉門發酵的過程中。

這種生態廁所的體驗並不差，放置了木屑和咖啡渣後，廁所內並不會有臭味，只是如廁過程中要注意控制乾濕分離，貼在牆面上的「武功招式」也會讓你忍俊不禁。

為什麼要費這麼大力氣，把古早鄉村的旱廁改良，還搬進早已實現抽水馬桶便利的城市呢？

「一個人一天平均喝水不到兩公升，但是上廁所卻會用掉六十六公升水。」宏明大哥說完這個資料對比，小孩子們嘴巴都張得大大的，不再追問為什麼，只想去試試看怎麼用。

這也是樹合苑所希望的。除了節省水資源，也希望它的夥伴和消費者，能在使用生態廁所的過程中，學習養菌造土，回歸自然。

## 不只是城市中的桃花源

教育消費者，推廣友善地球、照顧他人的理念，一直都是合樸農學市集致力實踐的。

在這個看似城市中的桃花源裡，他們並不想「躲進小樓成一統」，而是希望吸引更多的人來加入他們的行列。樹合苑每個微小的設計，都是過去八年多來，合樸農學市集的夥伴們用經驗實踐出來的。

在這裡，消費者不只可以買到合樸小農種植的健康食材、吃到安全放心的豆花和創意料理，喝一杯包含公平貿易理念的雨林咖啡，還可以參與到在這個生活場域的每一個環節中。

如果你驚嘆於樹合苑的手工餛飩、有機米食怎麼可以這麼好吃，可以參加農友老師的料理課，直接面對食材的生產者，瞭解每一種食物從生長到料理，再到品味的過程，會是多麼有趣的體驗。

樹合苑分隔了四個與食物有關的廚房：陽光廚房、農學廚房、加工廚房和廚藝教室，總會有一個廚房能安放你的興趣和夢想。

很多消費者對樹合苑社區豆腐坊的豆漿、豆腐印象深刻，那就一起來做豆腐吧！合樸農學市集從建立的第二年開始，就開設了豆腐農藝班，到二〇一七年已經累計了兩百多班的教學經驗，還分成了先修班、手作班、實作班和職人班不同階段，滿足不同人群的需求。有的消費者從吃到學，最後竟然回到家鄉開了社區豆腐坊，成為了合樸的合作夥伴。這種故事每隔一段時間就會在合樸發生。在這裡，友善環境與商業發展並不是互相拉扯的，恰恰相反，環保有愛的生活方式，本身就是一種商業契機。

除了學習做豆腐，消費者還可以參加藍染、手工皂的製作，跟著赤牛仔「黑手玩家」玩轉鐵藝，還可以在租用工具共學坊，開始人生的第一次親手實作。一個人動手做和一群人動手做，協力完成一個個不可能的任務，感受是截然不同的，不止能夠體驗手作的成就，更能感受到獨立個體與群我在互動中的成長，這種和諧的社群關係，正是合樸農學市集發展至今最吸引人的奧義所在。

除了動手做一邊學習，完完整整地聽一次樹合苑的導覽，會解答你許多的疑問。這個空間為什麼要這麼設計，怎麼完成，這樣一群人是怎樣聚集起來的……當你瞭解到一點合樸的理念，你會進一步想問，什麼是「好好工作、好好生活，好好吃飯、好好務農」，什麼是社群支援農業，什麼是農村社會的細活態度，什麼是樸門生態？

## 更像一所生活學校

聽完宏明大哥的導覽，我心中關於這座建築的許多疑問都解開了，也驅使著我上網查資料，把這一個個細節設計背後的發想、發展，一點點串聯起來。當你越瞭解合樸會越嚮往他們那樣的生活。

是的，這裡不只是一個消費場所，更像一所生活學校。教會你怎樣在動手做的過程中學習，學習怎麼去細活，瞭解它如何與「生存、生命、生態」密不可分，當你的觀念更新，你會更有動力創造一種新的生活方式。

在這個消費者與生產者、志工相遇的生活場域，你會瞭解到許多素人如你我的生命故事。社區豆腐坊、部落e購、咖啡部落、樹池書坡、農學廚房、加工廚房、釀造部落、一日茶事、黑手玩家、生活小鋪、生態廁所、雨水回收、太陽能發電……看似眾多分支，在實踐中卻各自支持，彼此合作，吸引著有共同美好夢想的人加入，創造出一個個美好生活的小據點。如果你本身也懷揣著相近的夢想和理念，那在樹合苑展現的美好生活的具體實踐，應該會勾連出你心中更多的火花吧。

那天聽導覽前，孩子們排著長隊，輪流到農學廚房的窗口，在老師和志工的幫助下，親手把熱滾滾的豆漿沖進瓷杯中，讓杯底的海水提煉的食用石膏（硫酸鈣）與熱豆漿充分融合，然後蓋上蓋子靜置。待導覽結束，孩子們就各自領取了親手做的豆花，在樹池書坡或廚藝教室裡享用，宏明大哥問，好吃嗎？孩子們一個個從瓷杯裡抬起頭，大聲地說，「好吃，好爽！」這滿足的回答裡，並不只是在炎炎夏日吃了一碗涼豆花的快樂吧，更多地包含著學習的樂趣和手作的成就。

消費不代表「生活」，美好生活需要「參與」，樹合苑是個「參與」生活的地方。在這裡，你可以暫時放下手中的智慧型手機，學做豆腐、味噌、鹽麴、手工皂、染布、煮杯咖啡、泡壺茶，養雞、種菜……樹合苑希望所有的生活者可以透過手作與日常的食衣住行，重新找回人與土地、自然的關係。

二〇一五年十二月，著名生活雜誌《Shopping Design設計採買誌》以「幸福的定義，下一個十年的備忘錄」為主題，選出Best 100。在「社會關懷／友善環境」這一項，他們推薦了樹合苑。

《Shopping Design》總編輯李惠貞在文中寫到了一些對未來的期許：

「未來的消費重點不再是『擁有』，而是『共用』，是藉由消費和什麼人建立了什麼關係，從『利己』進化到『利他』。」

「你知道那裡有你經常購買生活食材的小農、有每天為你煮第一杯咖啡的咖啡館、有一起為某個議題發聲的夥伴……。」

「你知道是這些構築你的世界樣貌；你去選品店、獨立店購物，是希望她們繼續存在……」

「你知道到頭來，你所在乎的價值有人跟你一樣在乎，這才是一個有人性的社會。即使網路世界什麼都有，你還是希望你說的話有一個人真心傾聽，勝於千百個讚。」

樹合苑、合樸，帶領著它身邊的所有人，具體地實踐著他們想要的美好生活，一步步走向他們親手創造的未來。

# 在NGO和MBA之間：陳孟凱的共贏人生

陳孟凱說自己是莫名其妙做起了NGO。

和臺灣其他很多NGO組織的負責人不一樣，他沒有什麼大學或野百合學運時代一起為了某種社會理想共同奮鬥的革命戰友，「我之前都是走資派，屬於資本主義的。」

三十歲以前，無關賺錢的書，他一本都不看，也不清楚歷史系、人類學系這種系為什麼要存在。直到三十八歲那年，他的至親陷入極端的妄想症中，為了幫助她，他開始看一些不是賺錢的書，「哇塞，人還有精神層面這回事啊」。多年後回首，他很坦然地評價自己，「傲慢得可以，自大到無知。」

陳孟凱出生於一九五九年，成長於臺灣經濟高速起飛的六、七〇年代，整個社會在跑步前進。極其聰慧的他，一路從臺中考到臺北建國中學、臺灣大學電機工程系，把全臺灣最好的高中、大學、最難考的專業收入囊中。一九八三年，服完兵役後他順理成章前往美國求學。在佛羅里達大學念電機博士、密西根大學念MBA，然後任職美國通用汽車公司半導體設計部門，在美國一待就是十五年。

一九九八年，為了照顧生病的親人，他帶著全家搬回臺灣。但也不是就此丟棄過往，而是和臺大同學一起創辦了兩家科技公司。孩子幼小、創業多艱，每天在父親、老闆的社會角色中連軸轉，許多人應該忙到腦袋一沾著枕頭就能入睡，他卻輾轉不能眠。「我的親人什麼都有，財富、工廠、孩子，可是卻活在極端的恐懼痛苦害怕中。」

他開始反思什麼是幸福生活的要義。博士、出國、老闆、車子、房子，這些社會主流定義的勳章，他一個不落地集齊了。除了這些，人生還有沒有其他路？

## 遲來的自我

三十多歲遲來的自我，比青春期的叛逆更加徬徨。每天都在社會主流價值與內心探索中不斷衝擊、掙扎，原本固若金湯的世界多了許多破綻，篤定的人生陷入迷失，可是答案在哪裡？他不斷提問，不斷追尋，卻並沒有找到一條叫做正確答案的路。在不知道什麼是自己想要的時候，他先判定了什麼是不想要的。過去的社會勳章，他沒辦法一一粉碎，只能像堆樂高一樣，重新拆下再重組。

因為長年的高壓工作，他還不到四十就被檢查出僵直性脊椎炎的遺傳因子（陽性反應），雖然沒有發病，有病友警告孟凱千萬不要發病，因為發病時疼痛發作幾乎要命。在這位病友朋友建議不要發病的方式是養生增強免疫系統，孟凱開始養生。二〇〇二年，他從科技業漸次退出，開辦了一家叫「東籬農園」的有機餐廳，同一年七月，開始茹素。他發現，吃素和食用有機產品，讓他的身體變得健康起來。開餐廳之前，他花了一年時間南來北往在臺灣各地「研究」有機產業，得到的結論是有機栽種很難而且不易銷售，他應該扮演一個購買者，臺灣不缺有機生產者。所以東籬農園並不是直接從事農業有機耕種，而定位成「有機蔬果的使用者和推廣者」。

五年經營時間裡，陳孟凱接觸了許多有機農業界的推廣者和生產者，也漸漸與他們成為朋友，欣賞他們的理念卻無法跳進他們的生活。商學院畢業生的思維提醒他，有機小農多為單一又少量種植，農產品賣相不好，有機認證艱難，很難受到傳統通路商的青睞；就算在超市上架，價格上也完全無法與通行的農產品競爭。即便在他的餐廳，有機小農也因產量小、受自然條件影響大，無法穩定供給食材，而很難大量採購。

作為餐廳老闆的陳孟凱，覺得他們大概活不下去。但身體的舒適和精神上的認同，又讓他不斷深入有機、友善耕種領域。二〇〇六年十月，他和溪底遙學習農園創始人馮小非、靜宜大學陶蕃瀛教授、社區工作者許婕穎，共同籌畫一個農民市集，效仿國外農夫市集，建立一個讓消費者與生產者直接見面的場所，繞過傳統通路商，完成買賣。經過半年多的頭腦風暴，農民市集轉變為農學市集，不只是買賣和人情，還有更深刻的社會意義。孟凱給這個新的事業體取名合樸，他寄望用眾人合作、簡樸的生活，創造出一個充滿hope（希望）的美好生活選擇。

曾經的陳孟凱，看不上那些不追求名利勳章的人，只覺得他們跟不上時代的步伐。年近不惑，他卻一腳踏進公益領域。曾經在密西根大學念ＭＢＡ，孟凱的邏輯思維仍是經濟管理式的。先做企劃，看看哪些可以拿到資源，跟創投拿錢，拿到錢以後再去找人來做事。他對東籬和合樸早期的期待，也都是從市場行銷的角度來定位，怎樣做一個受歡迎的休閒農場，怎樣吸引客流來偏遠的市集購買農產品。

合樸慢慢建起來以後，他發現這個社群的成長跟他之前的設想很不一樣，進來了許多有自身理想和能量的人，他們的想法遠比他一個人的設計更豐富、具體。黃學緯就是其中一個，表面詼諧爽朗，內心卻有深沉的抱負。他為了推廣臺灣有機黃豆，決定向後一步先開豆腐店，千辛萬苦學來豆腐技藝，卻不像以往師傅祕不外傳，號召更多年輕人來學習做豆腐，支持臺灣有機黃豆種植，守護一方水土。

孟凱出生在臺中潭子村一家豆腐店，祖父和伯父們除了農耕，平日還要做豆腐、醬油，運到鄰近村鎮販賣。他算是出身農家，卻在一歲就跟父母搬到臺中市區，與農村生活從此失聯。他曾經問自己，當他在分享友善土地、永續農業的思維，號召大家透過飲食來愛自己、愛臺灣、愛環境的時候，他的心能否接觸到農民的心？還是只頂著一個博士的光環，在建築空中樓閣。自己的情感和動力來源在哪裡？

「年輕人，一起來做豆腐吧」，喚醒了孟凱的家族情感和記憶，「小時候常回去看祖母，豆醬家的氣味是熟悉的。或者我的血液裡有著黃豆的基因。嗯，我來號召！」接過學緯的呼喚，他開始在合樸開設豆腐班，自己也是學員之一。學緯作為祖師爺教了最初幾個班後，就交給徒弟和孟凱。合樸的消費者變成學員，學員又因為認同合樸理念開始成為志工，志工成為幫助農友和市集擺攤甚至田間地頭的幫手，互助社群開始初具模樣。從合樸第二年開到合樸第十年，豆腐班從臺中開到臺北，成了合樸的金字招牌。幾個課程的學費也成了支撐合樸運作的基石。

為了更靠近農夫的心，二〇〇九年，上過幾次務農課的孟凱開始在合樸公田裡種植杭菊，每日地下田除草、鬆土、施肥、培土、鋪稻草，隨時注意天氣變化和田裡的水位，閉上眼睛想到的都是瘋長的雜草。那段時間他每天在公田與務農夥伴一起下田與吃飯，落實好好務農、好好吃飯於日常生活中，從君子遠庖廚變成樂在其中。務農和下廚，大大增加了他對小農的同理心。孟凱是個自我認知非常清晰的人，他知道自己可以把「從產地到餐桌」的友善農業理念講得頭頭是道，但那終究是左腦的理性判斷，容易受挫洩氣。有了同理心與愛心，他感覺到內心有種力量在推著他往前邁進。

二〇〇九年的莫拉克颱風造成了臺灣中南和東南部自一九五九年以來最嚴重的水患，高雄甲仙鄉小林村整村被滅。孟凱的杭菊也遭受巨大損失，八成被毀，頓感農人看天吃飯的無常。年屆五十的務農經歷，讓他開始用更謙遜的姿態看待人生，人並不是自己人生的導演，老天爺才是。「縱浪大化中，不喜亦不懼。應盡便須盡，無復獨多慮。」一首陶淵明〈神釋〉，寬慰他放下內在的疲累不滿，自在接受老天賦予的使命。

## 人為什麼有了錢還不幸福？

一開始孟凱和幾位創始人，從臺灣各地請來老師開設好好吃飯、好好務農、好好生活和好好讀書課程，很快有的老師因為身體、因為路途遙遠放棄了課程，有的課程由合樸農友本身頂上，有些課程，比如好好生活和好好讀書，就因為沒有出現獨當一面的人才而默默下線很長一段時間。

孟凱很喜歡用因緣具足這個詞，不僅因為他深受禪宗影響，也是在實踐中感受到，緣分沒到，人沒到，許多事情都做不出來。因緣出現，有了人，曾經只敢想的事也會變成現實。所以他慢慢掉轉曾經的思維，構想怎樣用現有的人力來經營社群。

也是在二〇〇九年，他到臺東參加了為期兩週的樸門永續專業設計課程（Permaculture Design Class）。Permaculture最早由澳洲的比爾・墨利森（Bill Mollison）和大衛・洪葛蘭（David Holmgren）在一九七四年共同提出，是一種師法自然的整合性生態設計方法。這套方法被他創造性地用在合樸社群的運用中，「合樸如同肥沃的土壤，提供夢想種子發芽的機會，但土壤之所以肥沃，是因為來此的人們共同努力耕耘。每個人都是土壤的一部分，同時也是播種者，來自不同背景的夥伴們，造就了社群的多樣性，組成一個活的有機體。」

合樸最早的定位是公益團體。市集的主要收入來自市集擺攤農友百分之十的場地租金和各種課程的學費。按照這種模式，第一年孟凱仍然要每個月往外墊新臺幣七到八萬元。市集所在的場地原是他的父親購置，後改為他經營的東籬農園有機餐廳，不久轉給了法鼓山。

合樸建立之初就達成默契，不募集資金，只募集資源。比如和伊聖詩這樣的大企業合作辦市集需要宣傳掛軸，就和他們商量，不打他們的ＬＯＧＯ，合樸提供內容，活動結束後留給合樸使用，這幾幅掛軸，從合樸創立之初掛在市集，近十年後仍然掛在樹合苑的牆面上。

不同的夥伴進入開始擔任志工，各方面節省開支，隨著合樸不斷壯大，終於可以達到各個部落的收支平衡，略有盈餘。在小範圍的商業競爭中，合樸開始領先。但永遠裝著一個生意人左腦的孟凱擔心的是，如果有錢有資本的大企業也闖進友善食農的領域，合樸還能跟他們玩嗎？甚至還無需憂心未來，這幾年小農市集的風刮起來，許多農友本身種植的產品不足夠賣，就拿別人的東西來賣。當時合樸內部的勞逸不均現象也越來越明顯，長期建立在愛心和道德基礎上的合樸，還能走多遠？

受樸門課程上提到的永續城鎮「社群貨幣」制度啟發，孟凱提出了在合樸內部試行社群貨幣。前文提到，這個新舉措，造成了四分之一農友的離開。但也吸引了更多人，申請加入合樸的夥伴，無論是農友、志工、員工，都要參加為期三天的「合樸幸福學」教育訓練課程。在三天的學習和實習中，瞭解合樸，並進一步明確自己內心是不是想要加入合樸這樣一個內部高度信任、經濟互助的社群。

二〇一一年，孟凱依據過去四年合樸的經驗，總結出了一套更穩定、沉著的永續經營策略——合樸幸福學。這時候又要感謝孟凱理性的左腦，三天六節合樸幸福學課程裡，一條一條準則地告訴他的學員，怎樣找到幸福。

合樸幸福學認為要獲得幸福首先要縮短工作時間，重新分配生活時間，把更多時間放在自己喜歡的事上；有環境意識地消費，縮減非必要性開銷，尋找替代品，享受不役於物的自在感。

合樸幸福學的核心原則是「以少得多」，工作減少，消費減少，創造更多，連接更多。怎樣實現更多？藉由專門為合樸內部核心夥伴設計的社群貨幣、部落經營、學員志工社群的運作方式，自己或一起動手做，替自己生產、栽種或製作必需品，享受手作的樂趣；在時間和心意相互連結的社群之間，共同使用或交換勞力、金錢與物品，彼此扶助，創造一個共有、共做、共用的幸福社群新生活。

合樸幸福學要平衡兼顧麵包、熱情與使命（Profits, Passion and Purpose）三個面向。人無法獨立而活，理念相近的夥伴，彼此互助，借由時間、創意、社群和消費的有效調度與轉變，創造一個富而有餘的幸福世界。

這既是合樸邁向下一個階段的指導原則，也回答了困在孟凱心裡十多年的那個問題，「為什麼人有了財產和家庭，仍然不幸福？」甚至更進一步，為他的困惑找到了一條出路。

## 創造一種兼顧NGO與MBA的可能性

經過二〇一一年的調整後，合樸成為了一個更緊密也更有組織性的封閉互助社群。他們指向的目標，不只是個人的幸福，更希望將社群擴大、推廣，影響更多的人，「創造一個富而有餘的幸福世界。」

也就是從二〇一一年開始，合樸撕下NGO標籤，從公益團體向社會企業蛻變。曾經由學員志工組成的學習社群轉變為需要自負盈虧的部落。孟凱很清楚，要與資本競爭，仍要使用資本主義的邏輯，做大做強才有抗衡的能力。

孟凱說，在臺灣做NGO好像是不可談錢的，談論賺錢的都是為了開公司。NGO和公司似乎是兩個極端，事實上，臺灣開始有許多公司越來越趨向社會公益，比如長期與合樸合作的伊聖詩芳療生活館就一直在支持臺灣本地的友善食農。

合樸該置於哪個位置？孟凱希望合樸是第三個選項，不黑也不白，合樸的部落存在不是為了賺錢，但是要賺錢來維持和擴張部落。有個詞可以很好的概括合樸目前的屬性——社會企業。孟凱卻一直提醒，要小心這個詞。不止因為它已經被用濫了，更在於，企業是容易定義的，而社會去極難去界定，遑論社會企業了。

公民責任、社會意識、企業管理，合樸的身上可以找到許多現代社會的標籤。孟凱只想用合樸的語彙來定義自身。它所希望的是創造一種可能性，兼顧NGO的社會公益面和MBA的發展面。在資本主義過度發展，無法以其自身邏輯維護社會環境、永續農耕等公有領域，而政府的政策設計並非是讓這些公有領域（如環境的友善）發展壯大，只是不任之崩壞。這片區域成為無人進入的空白，就需要一些有識之士的努力，努力建構一個環境友善與經濟發展雙贏的新選擇。讓普通人以公民的身分來共同創造這個幸福新世界。

二〇一五年新開張的樹合苑所在地，實際是孟凱父親的財產，他小時候長大的地方。曾經的釣蝦場結束租約後，是要繼續租給別人賺租金還是可以做點什麼？他決心接手承租過來，做個試驗把合樸過去在臺中郊區所做的那些友善環境做法，搬到市中心來，用舊物綠改造的方式，吸引以教育更多的人群，也讓每個部落都有一個實體所在，去賺錢、教課、進一步推廣自己的理念。

在市場經濟邏輯下，環境友善和經濟發展只會相互撞車，但在孟凱的理念裡，這根本是同一件事，因為「環境友善就是孩子的經濟發展」。

二〇一七年，親手創立的合樸走過了十年。孟凱早已從當年的困惑中走出，帶領著一群更篤定的夥伴邁向下一個十年。他構想的「食農店長」師徒制度（具體在〈合樸市集可愛人〉一文中介紹），目的是為了培養更多富有競爭力的社群生意人才，也通過這個制度，曾經的學徒變成了師傅，完成了又一次合樸內人才交接。孟凱曾經說過，剛開始的時候，他的角色近乎一個「教主」，但教主都要有自知之明早點「把自己幹掉」，就像社群媒體時代的「去中心化」，一個社群才能穩健發展。這一點，也許他曾篤信的法鼓山聖嚴法師給他樹立了最直接的榜樣。

如今孟凱的事業中心主要在樹合苑，但他不是樹合苑的總舵主，而更貼近一個老師的形象。他用經濟學「競合賽局」理論開設了「合作學」課程，把「競合賽局」的實驗場從商場擴大到人生，從職場同事的共贏到婆媳夫妻關係的經營，教會學員在看似複雜的人生兩難中，看懂局、拒絕做爛好人，有效地選擇合作策略，創造雙贏條件。

自我覺悟後的孟凱，一直都在做著同樣一件事——創造雙贏。最早創立合樸市集是為了讓生產者和消費者雙贏，升級合樸建立樹合苑是為了讓經濟發展和環境保護雙贏，開設合作學課程，是為了讓人生的甲方和乙方都能體面地贏。

也許孟凱從來都沒有過真正的叛逆。他用自己的智慧踏出了一條沒有人走過的路，這一條路，不如曾經那條主流康莊大道，順著往上走，很快可以走到頂端；這條路，是要和一群人慢慢地走，但可以走很遠。

二〇一四年父親節，孟凱的大兒子Steven在Facebook上寫下這樣一段話：「我爸爸是我的英雄，選擇了一條不一樣的路，改變了我們一家的命運跟方向，一年比一年開心健康。希望總有一天自己有了孩子之後，也能夠帶領他們身心靈成長！Happy Father's Day, Dad. You're the best!」

# 合樸市集可愛人

「你健談了許多。」兩年後與中翊重逢，我打趣他。

第一次經由孟凱大哥介紹見面，尷尬的是孟凱本人不在，更尷尬的是我一對三地採訪他、敏真和雅雯。一個陌生的大陸女生，一上來就問你的人生故事，所以每個人的回答都有些簡略。

我以為採訪肯定是失敗的，但是兩年後再次重逢，我回頭查看錄音和筆記，才發現，當年他們每個人跟我描畫的夢想都在這兩年間實現了。

二〇一四年六月底，初次造訪合樸，我第一次遇到了中翊、敏真和雅雯。

那時候中翊剛剛從公田負責人的角色上退下來，準備進入到一個全新的工作——自己動手蓋出合樸永續教育中心。兩年後的七月，我帶著先生和一歲多的女兒，住進了他和合樸夥伴歷時一年半，親手蓋起的純手工環保竹屋。

他的另外一個夢想也已經實現。那時他跟我說，想開一家每週只營業三天、沒有菜單的餐廳，通過食物來教育消費者，吃當地吃時令吃有機的食物，支持友善農業。二〇一五年，竹屋建好後，餐廳也慢慢開張，取名「有時」。

笑聲爽朗的敏真，兩年前跟我說起她從國外求學回來後，怎樣為了一瓶有機玫瑰花醬，接觸合樸，從消費者變豆腐班學員，而後開始做市集志工的故事。她好像什麼目的也沒有，只是為了好玩。兩年後，我坐在她開的社區豆腐店裡，喝一杯她早上剛做好的豆漿，聽她一邊說累到無法想像，一邊又興致盎然地介紹著她的豆腐製作工作室，還要招待隨時上門來取貨的鄰居或過路客人。

雅雯年紀最小，那時候已經是合樸工作人員。因為喜愛電影，自以為找了一份理想工作，結果在影片公司上班八個月就逃走。她花了很長一段時間想找出自己喜歡什麼，憑著一種大概的感覺——農業很重要、食物很重要，她上網搜尋，找到了合樸。然後從參加沙龍、市集志工，進入到合樸做正式工作人員。兩年後，她還在合樸。她已經成長為可以獨當一面的核心員工，帶領她的小夥伴們，做出了樹合苑和合樸市集暢銷品——豆纖饅頭。

這兩年的時間裡，合樸也從我當時認為的有志同道合理念的一小群人的自洽，變成了在商業社會穩健發展且被熟知的「樹合苑」。

而我自己，從即將要畢業的研究生，變成了一個一歲孩子的媽媽，我的家從臺灣搬回杭州又搬到美國。好像只是在身分和地理上有了變遷，對於我未來要做什麼，仍然如初次去探訪合樸時一般迷茫。

重訪合樸的每一天，我都在感嘆，遇到了合適的平台，喜歡的夥伴，堅持下去，總會找到一條適合自己的路。

## 林中翊——住在親手蓋的泥土房裡，他不做海歸菁英，只願探索自由的邊界

二〇一五年，中翊的披薩餐廳在臺中城郊開張，就在他和夥伴們親手蓋起的那幢竹屋裡。後院的泥土燒烤窯，便是手作披薩的場所。

中翊姓林，從英國留學回來後，放棄穩定的工作，嘗試種田、蓋房子、開餐廳、辦沙龍，做自己想做的事。在臺灣朋友的眼中，也是勵志的。但中翊的故事並不是一個成功者的故事。他沒有成為一個日進斗金的餐廳老闆，只是一個不斷探索、尊重自己內心的跋涉者。

### 不要逃避你的人生問題

中翊從小就喜歡看宮崎駿的動畫，喜歡隱藏在背後保護自然、愛護地球的價值觀。高中畢業後，他在家人支持下去往英國薩里大學學習動畫設計。他回想在英國念大學的最大獲益，竟是那些在學校後山散步的日子，「水鹿、刺蝟、狐狸，在臺灣深山裡也不一定能看到的動物，在學校旁邊就會看到。」

小時候他隨父母住在南投中興新村，他的爺爺奶奶是當年臺灣省政府的公務員。公務員眷屬們居住的中興新村，既處在城市又保留著大量自然生態。「自然是養成我的一部分，以

後我去到任何地方求學工作，都會很渴望找到與自然的連接。」

二〇〇五年大學畢業後，他回到臺灣，進入媒體工作。嘗試過電視廣告、電影製作多種工作後，他發現臺灣的媒體環境跟英國的完全不一樣，對創意工作者並不重視，多半只是一味壓榨以迎合客戶。更糟糕的是價值觀的衝突，廣告都是在鼓勵大眾消費，他心裡卻覺得不對勁：「人的一輩子不應該只是這樣。」

嘗試過不同工作後，他發現，社會總是給人許多框架，要怎樣突破，才能有更自由的人生？他開始邁出專業領域，嘗試許多以前不曾接觸過的面。因為喜愛自然，而加入了臺灣荒野保護協會，因此有機會到臺東參加了兩個禮拜的樸門永續專業設計課程。兜兜轉轉至此，「人生才有一點看到光亮的感覺」。樸門永續是一門基於農業和生活的設計方法，它有一個很有意思的觀點是，把問題看做認知的來源。問題的存在就表示有修正的空間，甚至成為人生的課題，只要你不去逃避它。

課程結束後，他又在臺中合樸農學市集學習了務農種菜。因緣巧合在臺北當了兩年的推拿學徒，接觸到內觀和瑜伽。這個看上去平靜寡言的瘦弱青年，說自己在第一次內觀打坐中感受到前所未有的平靜。他終於發現了自己在靈性探索方面的熱情或者一點稟賦。

但現實是，經濟一直比較困難，他每隔一陣子就會想要不要回去從事原來的工作，「克服那種矛盾的心情，花了滿多年。」

二〇一二年，因為奶奶身體不好，他回到臺中陪伴她。一邊與合樸市集負責人陳孟凱聊天，說自己未來的規劃——想要透過餐飲來影響消費者的環境觀念。直接講環境教育，很多人不在乎，食物比較軟性，發現好吃了以後再來介紹會比較聽得進去。孟凱邀請他到合樸工作，開始負責管理合樸的一畝田。

中翊種田，來自香港的太太余娜比他還要開心。太太和他是英國留學時的同學，在香港時從事設計工作，週末她會坐兩個小時公車去新界種菜，剛開始是為了舒緩壓力，慢慢地，卻感受到與土地相處的愉悅。二〇一一年嫁來臺灣後，她曾短暫地在臺北的一間很有環保理念的設計公司工作，可她發現在合樸和夥伴們共同勞動的日子，才是自己更渴望的生活樣貌。不久，余娜也辭職回到臺中，和夫婿一起種菜又種稻。夫妻倆從各自地生命裡路裡，找到了未來生活的共識——到鄉下去過日子。

## 自己動手蓋一座想住的房子

二〇一三年底，他們的餐廳開始有了眉目，但前提是要自己動手建好一棟房子。想到將來要去鄉下過日子，學習自己動手蓋房子是很必要的。中翊很興奮，負責整個方案的協調，余娜畫出了理想中的房屋手稿，合樸的眾多夥伴全情投入到協力造屋的過程中。

怎樣讓只有一個鐵皮屋頂的舊車棚，改造成理想的空間？合樸網站上發布「協力造屋工作坊」公告後，許多對自然建築、自力造屋感興趣的人報名參加。加上有自力造屋經驗的工作坊風中之星和大地旅人環境教育工作室技術指導，他們先動手鋪了一個木平台作為地基，並沒有做防腐處理，只是人工上保護漆。原計劃蓋一個木頭房子，可是發現大部分木頭都需要進口，大家想到了用竹子——這種在臺灣更普遍的建材來搭蓋接下來的部分。來自全臺各地的志工，到南投、新竹等盛產竹子的地方砍來竹子，用火烤殺青後，鋪成屋頂。

這個過程，很多家長帶著小孩子來參與，工地變成了親子活動的現場。他們原本的設想就是要讓建築工法儘量簡單，無論男女老幼都可以參加，除了幾位老師，沒有人蓋過房子，電鑽沒拿過、鋸子不會用，那就互相學習。

屋頂和地基有了，牆面他們選擇了用泥土來混合稻稈、竹片，甚至啤酒瓶等來做。搭建其中一堵土磚牆的時候，他們需要先調和泥土，做成土磚，再來砌牆，鑲嵌回收玻璃做的窗子。年輕的年老的參與者們，像小孩子一樣，赤著腳在泥土上跳舞。「就像是做遊戲一樣，辛苦的事情變成好玩的事情，這樣房子才蓋得下去。」

從二〇一三年底到二〇一五年中，中翊他們沒有想到，這個房子一蓋蓋了一年半。落成的那一天，夥伴們已經換了好幾波，但是每個人都覺得很滿足，「做了許多從來沒有想過可以做的事。」中翊說，「表面上，我們在物質層面把房子蓋出來，其實所有參與的人也在自

己心裡蓋了一棟房子。這種力量可以滋養我們很久，可以在心裡為我們遮風避雨。」

蓋房子期間，他們的孩子也在孕育中。到孩子準備好的那一天，他們並沒有拿著待產包急匆匆走向醫院，而是按照計畫中的，請來有資格的助產士在家生產。中翊和余娜說，蓋一座自己想要住的房子就像是孕育著另一個孩子，如果說這兩者還有什麼共同點，那就是，相信自己的力量，「依賴越少，自由越大。」

## 找一塊土地，然後淨化它

二〇一五年，他們的餐廳開張，取

自己蓋的房子——「有時」餐廳。（林中翊提供）

名「有時」，意為「萬物皆有時，生活即修煉」。這家餐廳如他之前預想的一樣，一週只開放三天，菜品只有一樣——手作窯烤披薩。餐廳的正後方，向著田園的方向，有一塊空地，角落裡一口窯烤爐也是合樸的夥伴們合力搭建。二〇一四年，我第一次造訪合樸，就在中翊夫妻的鼓勵下，自己揉麵、做披薩，再用特製的鐵鏟把披薩送進火紅的烤爐。

很遺憾，二〇一六年我們再次採訪中翊，他的餐廳已經暫停固定營業了。他感覺自己還是不大適合做一個每隔幾天就要開門迎客的老闆。開了幾個月以後，他就開始採用小團體預約制來做餐廳了。

他們對「有時」的定位，並不只是一家推廣有機、本地蔬食的餐廳，在這裡有許多的可能性在發生。純手工搭建的綠色空間，是許多手作、素食團體青睞的授課空間；泥巴和竹子的氣息，靠近自然生態的周邊環境，天然地吸引著孩子。臺中一個「親子共學」團體很喜歡有時後面的空地，十幾個家庭的孩子家長們，一起在這裡探索自然、共學、烤披薩。

因為中翊夫妻對靈性探索和手作的熱愛，有時還不時推出瑜伽課程、印度音樂、非洲鼓、編織、手作麵包等學習課程。此外紀錄片展演、手作市集、體驗式住宿，都是他們在做的嘗試。「希望不同人來到我們的空間，看到之後產生一個問號，都市的周邊為什麼有這樣的房子，之後就會去瞭解後面的理念，相當於置入行銷吧。」

中翊說，如果非要歸類，他們希望「有時」是一個教育場所。二〇一四年我初次採訪他，他說曾想過與世隔絕的生活，但樸門的教育理念改變了他，「不用去找一塊淨土，找一塊土地，然後淨化它。」這也是他們選擇留在臺中實踐自己的生活理念而不是歸隱花蓮臺東的原因。他給自己的定位是一個聯絡者，透過「有時」這個平台，把不同對生活經驗和觀點帶給普羅大眾。

## 探索身體和內心，定義想要的自由

在這個合乎自然的空間裡，他們與新老朋友共學共識共用，順應時節地過活。他們的孩子就在這個合乎他們想像的地方出生長大。天熱的時候，女兒起得早，中翊帶著女兒在公田的田埂上散步，看著日頭升起來再回家，晚上就數著星星伴著月亮入睡。沒有活動的時候，他們帶著剛會走路的女兒去轉山，等長大一些，幾乎所有的手作、學習，不滿三歲的女兒都跟著他們一起參與。

中翊也明白，他們的生活並不符合一般人的生活需求，可以講是實驗性的生活形態，他們也一直都在探索自己，改善內心與外在的關係。曾經，中翊對主流社會的貨幣金融體系非常抗拒，一心希望早點把存款用光，嘗試用社群貨幣——知識、技能、體力和友情交換基本所需的方式來過活。

經過最近一年的探索，尤其是在日本木之花生態村一個多月的學習，中翊意識到世間萬物都是互相依賴的，存在即有自身意義。他開始與金錢和解。一方面學習用更好的文案吸引不同的客戶群來「有時」上課、體驗，用較高頻率的活動來支付地租。另一面他對自由的理解也在變化。以往他總是把掙脫束縛當作自由，「也許是年紀越大，覺得真正的自由狀態，來自高度自我要求下的自由，對自我有很多省思下的自由。」

太太余娜與他分享相似的價值，一直共同學習和探索。他們把夫妻關係、親子關係當作現階段人生最重要的內容。中翊說，想要讓世界變好這個目標從未改變，只是他現階段要做的是把自己的生活過好。只有自身的狀態平衡，腳步紮穩，才有可能去幫助別人。

二〇一七年六月，中翊夫妻帶著兩歲多的女兒，參加公益團體「海鯖回家」活動，在海的柔波里，他放下了從小養成的對大海的恐懼。因為認同這個團體永續海洋的理念，他還在「有時」大力傳播並幫助他們募款。

這正是中翊讓人羨慕又佩服的地方：雖然並不確信前路，但他始終在追尋內心和身體的舒展，不斷破除自身限制，努力開拓生命樣貌。「讓自己成為你在世界上看到的改變，在現實裡真實而熾熱地活著。」

## 羅敏真——從臺灣「貴婦」到豆腐坊老闆的逆轉人生

打開文檔敲下敏真的名字，她爽朗的笑聲就隔著千山萬水穿透過來。

第一次見面是在臺中，介紹我們認識的孟凱有事沒能到場，氣氛一時有些尷尬。敏真最先敞開心扉，跟我講述她的故事。後來熟悉起來才知道，她其實並不是一個喜歡聊自己的人。

遇到了一群對地球、環境有關切的朋友後，她變得更主動去宣揚呼籲，身體力行。閒閒散散的貴婦，人生發生大逆轉，在年近五十的時候，成了一家社區豆腐坊的女老闆。

## 因一瓶玫瑰花醬找到一個朋友圈

敏真大學就讀加拿大多倫多大學，有一年暑假到美國加州遊玩時，吃到過一種玫瑰花醬，那滋味讓她念念不忘。搬回臺灣後，她一直在找相似的產品。經朋友介紹，她造訪了南投縣埔里鎮玫開四度食用玫瑰園。玫瑰園主人郭恩綺和章思廣夫婦不用農藥化肥耕種，生產可食用玫瑰，這在十多年前的臺灣也只有少數農場能做到。但埔里距離敏真居住的臺中市，來回需兩小時車程，為了幾瓶花醬專門跑一趟有些麻煩。玫開四度的主人告訴她，每個月的第二個星期六，他們都會到臺中合樸農學市集擺攤，可以當天來吃吃買買。

敏真第一次去合樸的時候，還是它剛創辦的前兩年。攤位不是很多，但是農夫們都在自己的攤位上親自介紹自己的食材、產品，好吃好玩的專案也很多，很像她在國外看到的農夫市集。敏真說自己當時就是個家庭主婦，平時閒閒沒事唯獨對做飯很有興趣，很快合樸就變成了她的有機菜市場。父親和先生都有自己的企業，敏真從小家境優渥，結婚以後的日常就是逛逛高級百貨公司，吃吃甜品買買包，是臺灣綜藝節目裡人人羨慕的「貴婦」。

接觸合樸後，她常常在網站上追蹤他們的各種活動，其中最喜歡的一項是「產地拜訪」。一群素不相識的人去到合樸農友家裡，認識他的家人、土地和作物，吃著農園裡的食材變出的飯菜。每個人帶一道菜去聚餐，一邊吃一邊介紹自己、食材和烹飪故事。一大群志同道合的人聚集在一起，讓她感受到強大的向心力。合樸不只是一個菜市場，開始成為了她的朋友圈。合樸夥伴大多藏龍臥虎，有人身價上億卻來學種菜，合樸的召集人陳孟凱從美國博士畢業回來卻也當起了農夫。敏真笑說，在合樸的夥伴面前她都只穿簡單T恤，不敢太放肆。

開朗的敏真很容易跟新認識的人成為朋友。負責市集經營的許家豪與她相熟後，鼓勵她到市集做志工。聽說每次志工服務只需要兩小時，幫忙完還可以接著去逛，敏真就先從服務台志工開始做起。她最早服務於「食器貸出」攤位，引導市集遊客租用環保餐具，示範正確的清潔步驟，減少浪費。環保愛地球的理念，有了真切的落腳點。敏真說，原本自己只是喜歡玩，並沒有什麼社會責任感，與這樣一群有理想的人接觸後，開始明白環境與自己的生活真的息息相關。

合樸成立之後快速發展，每年都會有新的變化。二〇〇八年初，合樸農友豆之味的老闆黃學緯在合樸開辦手工豆腐課。第一期時她很猶豫，「我真的可以自己做豆腐嗎？」就錯過了豆腐課創始一班。一個班十五個名額，還沒有對外公告就爆滿了。她成了二班的學員，順便把老媽也帶上一起來做豆腐。媽媽是慈濟志工平常很忙，沒能堅持，她卻從豆腐入門班一直學習下去，進階班、實作班，一步步成為黃學緯的教學助手，豆腐班的講師。

除了豆腐課，敏真還報名了好好務農課、咖啡課，在手工廚房幫忙。從消費者變志工、學員，再到豆腐課指導講師，後來甚至成為合樸升級之後釀造部落的負責人，負責一整個部落的獨立經營。敏真沒有想到，當初只想逛個菜市場，最後好像進了一間生活學校，回爐再造了一次。

## 開一家社區豆腐坊，吃在地，吃新鮮

敏真更加沒有想到，後來的自己會開一間豆腐坊。幫黃學緯做很久的助教，跟著他一起吆喝著「年輕人，一起來做豆腐吧」，為什麼不自己來試試呢？

起心動念是為了四姐妹裡最小的妹妹。妹妹一九七六年出生，沒有結婚，很早就被她領進合樸做網頁設計方面的志工。二〇一五年底，她意識到妹妹很快要四十歲了，不想要她一直在別人手底下做事，得給她找點獨立的營生。那時候父母給她們買的店鋪剛好前手補習班的租期到了，她想到和妹妹一起開一間社區豆腐坊。

父母擔心她會非常辛苦，「做豆腐不是男人的事嗎？」他們的反應也是大多數人的反應。幸好家中姐妹都說好一起來幫忙。她負責採買和做豆漿豆腐，二妹做外送和管帳，反而小妹妹仍然留在公司一邊上著班，週末才來幫忙。

經過半年準備，先生支持了將近兩百萬元新臺幣，裝潢、買機器，二〇一五年夏天，羅家姐妹的社區豆腐坊「豆在來」開業了。「在來」，源自日語，當地的意思，臺灣把本土品種的米稱為在來米。她們不只想做一個基於社區在地的豆腐坊，也希望通過她們的努力，有一天可以讓更多農民來種植、復興臺灣本地黃豆。

敏真做好了準備做豆腐坊會非常累，但沒想到過會這麼累。每天早上八點到十一點，整整三個小時，她獨自在豆腐工作室磨豆子、熬豆漿、做豆腐，小小的工作室非常悶熱，卻沒辦法用空調風扇降溫，因為降溫就做不好豆腐。她說從來沒有流過那麼多的汗，開業一個月她暴瘦九公斤，家人都很心疼，「有必要做到這種程度嗎？」父母當初買下這間店鋪的用意是希望她們姐妹從國外留學回來後，在這個學校林立的社區開一個補習班，穩當又賺錢，沒想到女兒竟然自討苦吃，幹起了體力活。

敏真清楚，這家豆腐店不只是一門生意，還承擔著教育消費者的使命。

二〇一六年七月末的下午，我坐在敏真的豆腐坊和她聊天，不一會就有客人拿著瓶子進來秤豆漿。她鼓勵客人自備塑膠瓶來裝豆漿，一千毫升的當天鮮榨豆漿本身才賣六十元臺幣一瓶，自帶容器就少五元。客人臨走，她囑咐放在冰箱最多三天要喝完。

我問這是她自己的創意嗎？她答，「只要你在合樸待過就會去這樣想，這樣做，在合樸喝水的水杯和購物提袋都是自備的。你這樣做了，自然就會有人認同、改變。」開業一年，大概三成的常客會自帶容器過來。

她的客人大部分是這附近居民。敏真結婚前曾經在外貿公司工作，她的同事、同學，都很驚訝她居然當了豆腐店老闆娘，在臉書、短信上留言說要來捧場。她問明瞭朋友們的住址後，反而把臺中各區夥伴們的有機豆腐坊推薦給他們。「住在北屯的客人沒必要專門到我們南屯來買豆漿，一來一去浪費油錢，豆漿也都不新鮮了。」

吃新鮮、在地、時令的食物，這些在合樸學到的理念，成為了她理所當然的經營理念。鄰居們剛開始覺得她這家店很奇怪，沒有花籃和第一個月的促銷衝業績，只是默默地開著，早上八點到晚上七點。敏真說，她想緩慢地走下去，每天只做自己體能能做的豆腐的量，確保新鮮，不把前一天剩下的食物賣給別人。從剛開業的暴衝，到後來明晰目標後慢慢調整，現在她和客人之間好像達成了默契似的，每天七點所有的食物都賣得掉。有些客人怕提早賣光，會提前打電話預定，趕在他們關店前取了回家。有的客人甚至提早一週預定，一三五需要什麼，固定時間來拿。

每個月的第二個禮拜六，敏真會休店去合樸市集擺攤，身分一轉，變成了農友。她會提前跟客人說好，請他們去現場支持。每個月的第三個禮拜，她會熬煮臺灣黃豆豆漿，豆子是雲林縣農友友善種植的臺灣本土黃豆。臺灣黃豆的成本是美國有機黃豆成本的大約兩倍，相比於市面上一般黃豆就更貴了。敏真為了壓低售價，讓更多消費者可以嘗試臺灣黃豆豆漿，用成本價出售。她說，「有些事情是這樣的，不賺錢也要做。」

每天工作超過十二小時（七點關門後還要打掃），沒機會穿靚麗的衣服，因為每天都在店裡工作。我問她，現在的妳，快樂嗎？她說，做一份工作光有熱情是不夠的，推廣臺灣黃豆，教育消費者的使命，支持著她走下去。和客人互動帶來的信任與快樂，足以成為她堅持下去的動力。現在許多人都在注重食品安全，聽到客人說，「我們家寶寶一歲了，只有你們家的豆漿才愛喝。」喝過一次豆漿的美容師鄰居，免費幫她向客人推薦：「你一定要去吃，她家的豆漿好好喝。」

「他們肯定了我的理念，信任我的食物是安全的。」敏真的臉上閃著小姑娘的雀躍。

## 還是農夫知識多，比較厲害

敏真一直說自己是很懶惰的人，不是那種可以自我鞭策的人。當時決定做豆腐店，她給自己的設定了五年期限，看自己的店有沒辦法撐過創業最難的頭五年。她說，以前上班的時候，身體有些不舒服，就會想要請假，現在會有種責任，必須去開店。但是在不景氣的大環境裡，她也沒有過度失去自我，反而從最開始做六休一，改成了週六日雙休。「自家的房子好一點，沒有壓力。我也沒想過要回本。」

二〇二〇年是她開店的第六年，小妹妹仍舊單身，她也沒有要小孩。身邊單身人口其實越來越多，敏真做了一個適合單身人士煮飯的半成品套裝，只要簡單烹煮就能吃得健康。她就是一個因為美食改變人生態度的人，希望能夠用好的食材改變更多人。

因為地處文教區，周邊有的老師會帶著孩子們來敏真的豆腐店裡學做豆花。她向合樸樹合苑的員工取經，教孩子們用滾燙的豆漿沖開杯底海水提煉的食用石膏（硫酸鈣），靜置二十分鐘後，就能吃到凝固成型的豆花。等待的過程中，她給孩子們展示她的工作室，讓孩子們親眼看著豆子變成豆漿，然後做成嫩豆腐、老豆腐。連老師都不知道毛豆和黃豆都是大豆，黃豆對土壤有固氮作用，種植臺灣本地品種的黃豆對糧食安全、食物多樣性的意義，也是課本上學不到的知識。

在眾人面前滔滔不絕，誨人不倦的敏真，她的家人都不熟悉，她先生都很訝異，原來她很擅長講演。其實她都是第一次發現，原來自己也有獨當一面的能力。

「豆在來」豆腐坊的玻璃櫥窗裡，擺放的是合樸農友的產品，收銀台前的冷櫃裡放著的豆皮、豆干等豆製品，來自黃學緯的「豆之味」工廠。敏真說，之前在合樸的時候，就想過要幫忙農友賣產品，現在她的豆腐店不只免費展售夥伴們的農產品，共同推廣理念，守望相助，也是農友們在臺中的一個預訂取貨站。臺中的消費者通過網路購買了合樸農友的產品後，可以就近到敏真的店裡來拿，省掉了郵費和等待的時間。

這些夥伴和情誼，最長的持續了十年。這也遠遠超過她的想像。父母從小教育她們，不好好讀書就要去鄉下種田。「到合樸以後才發現，還是農夫知識比較多，比較厲害。」敏真說，她的家庭和學習經歷，讓她的朋友圈一直侷限在有類似經歷的同溫層裡，「在合樸認識了一些過往不大可能認識的人，學到了很多東西，整個生活狀態都轉了一個軌道。」

我問這樣兩個不同的朋友圈，會讓她產生自我的矛盾嗎？她的回答是，兩個圈子並非不相交，原來的貴婦朋友想買好的食材、蜂蜜等加工品，都會找她幫忙買，她們知道她能買到真正的好東西。而不在店裡工作的時候，她仍然會背著喜歡的名牌包，配著有機棉T逛市集，「沒人care（在乎）你是不是穿著名牌，好用就好。」

## 莊雅雯——尋找自己真正想要的東西

「從小長到大，為什麼找不到自己想要的東西？」莊雅雯的自我設問，擊中了我。

雅雯大學讀的是動畫專業，畢業後進了公司做網頁設計美編，後來在一間影片製作公司上班，工作了八個月就離開了。「我喜歡的是看影片而不是製作，好像搞錯重點了。」但自己真正想做又能養活自己的事是什麼？她找不到。她說畢業後的時間好像一半在找工作，一半在零散地工作。

偶然間，看到一本暢銷書《怦然心動的人生整理魔法》，裡面的觀念啟發了她——當你丟掉了所有不心動的東西，那你就會被心動的東西包圍，你也可以看出自己真正想要的東西。她把留在臺中后里家中的東西全部擺出來整理，找到了幾年前買的《糧食戰爭》這本書，發現自己對裡面的議題很感興趣。糧食、吃、食品安全，她好像找到了這條線的源頭——農業，「有一個感覺，終有一天我要回家。」

雅雯在后里農家長大，卻和大部分農家小孩一樣沒怎麼在田裡工作過。正好她的朋友想要去日本WWOOF（世界有機農場機會組織）打工度假，她留心到臺灣也有類似的機會，就申請到臺北陽明山上的野蔓園、宜蘭南澳自然田打工度假。

遠離城市的山上田中，她體會了真正的斷捨離，睡在木屋大通鋪，沒有洗髮精，兩件衣服足矣。自己手作豆腐、豆漿、做飯、洗碗甚至搭建自然建築。在不施化肥農藥的自然田裡，她赤足下田勞作，除草、種菜，吃自己種出來的米飯……「這種生活還不錯。」

兩次打工度假是她長大以來與土地接觸最久最全面的時候，她想起來一生務農、不慎跌落田溝過世的阿公，和深諳食品安全、喜歡買好的食材回家來烹煮而不是帶著一家人去外面吃大餐的媽媽。一股根植於土地與食物的情感召喚，讓她決定回到家鄉臺中深耕。

上網搜索後，她找到了合樸，剛好趕上合樸的星期二咖啡沙龍，素不相識的人在一起煮飯、吃飯，分享自己的經歷，她感覺這就是自己理想的生活方式。於是，先到合樸市集消費，後來做志工幫忙一個農友照顧攤位，把姐姐也拉了進來。

雅雯是一九八六年生人，也就是臺灣所稱的「草莓族」一代，生活富足不愁吃穿，彷彿生活在溫室的草莓。承受著上一輩的饋贈與壓力，她覺得應該找一些有意義的事情，過著跟上一輩愛拼才會贏的生活有些不一樣的人生。認識合樸幾個月後，她四處去找類似環保、親近土地的社會企業工作，孟凱得知後問她要不要來合樸，她一口就應了下來。

她和中翊一樣，成了合樸二•〇升級後，少數幾位拿工資的工作人員。正式上班以前，她就很確定自己喜歡農業、手作和料理，但該怎麼定位自己、做怎樣具體的工作，卻仍很茫然。剛好合樸提供了讓她多方嘗試的環境。每個禮拜，她有兩天在豆腐坊學習做豆腐，其他時間學做饅頭和豆腐副產品。

在豆腐班學長、合樸夥伴瀏華的專業指導和資深志工雪華姐的陪伴下，雅雯從零學起：養老麵、打麵、揉麵、切麵到進爐、出爐……揮汗如雨練習了幾個月豆纖饅頭，技術總算慢慢成熟。等她成了豆纖饅頭的製作熟手，合樸開始安排她學習整製作流程，規劃如何與夥伴們在時間限制下有效率地生產。合樸希望豆纖饅頭可以在社區豆腐坊販賣，需要一個高效的團隊來完成從生產到銷售的全過程。雅雯在合樸前輩的幫助下，隨時準備應對突然狀況，就連後續的包裝、送貨也都得熟稔。

幾個月鍛煉下來，雅雯和豆纖饅頭團隊夥伴能在六小時內做出四百個饅頭，新鮮出爐後馬上送去豆腐坊，一上櫃就銷售一空。一路陪伴、共同學習的雪華姐也讚賞她已能獨當一面，「可以帶人囉！」受到認可自然是莫大的鼓勵，但雅雯覺得「最大的收穫，是學習從頭到尾完成一件事，很有成就感。」

雅雯清楚自己是幸運的。除了灣華、雪華兩位前輩的教導陪伴，還有老大哥國禎、星淞的帶領。年過半百的國禎大哥曾經在火熱的科技公司擔任高階主管，手下有兩百多員工，一年經手的營業額達數億元新臺幣。因緣際會下，他和老同事星淞因認同合樸理念而一起加入，以自身的管理和業務能力，幫助社區豆腐坊在全臺展店。草莓世代和「亞洲四小龍」世代，在合樸的小小豆腐坊裡，互相協作互惠。

從雅雯身上，合樸也實現了未來想做的事——用參與式創業的方式，為友善農業培養多元人才。

參與式創業是個新詞，與傳統商業中投資金錢來創業不同，參與式創業最需要的投資是「你」的參與，投入時間越多、參與得愈深，最後的所得也越多。有太多像雅雯一樣有志於食農領域的年輕人，有熱情有體力卻沒有一技之長得以兼顧生計和理想。而合樸也發現，友善農業和豆腐坊等領域都需要有認同理念、有體魄的年輕人來參與。不同背景的人彼此合作互補，會激發出更大的社群能量。人才和產業之間本身就彼此需要，合樸的角色是一所生活教育學校。

二〇一七年合樸十年，他們的官方Facebook粉絲頁上，發布了未來十年的規劃，其中最重要的就是「食農店長」制度。合樸過去十年都是在實踐：好好生活、好好務農、好好吃飯、好好讀書，未來十年計畫以師徒制，帶領未來的年輕人通過四個「好好」成為富有競爭力的社群生意人才。

在臺灣，投入「友善食農」行業的大多是小規模生產者，想要在商業競爭中生存就需要全方位跨領域的學習，技術、業務、管理一個不能少。合樸根據過往的成功經驗，從二〇一七年開始推出實習營，透過兩個月的實習生期、四個月的學徒期和六個月的店長期，讓有志於食農互助經濟的年輕人在實作中不斷檢視自己的熱情和能力。

年輕人只需要投入自己的時間和體力，全身心地在合樸學習。一年期滿後，合樸會根據個人意願幫助他們推薦工作或創業。合樸希望這些社群生意人才像小種子一樣，在各自的土地上發芽，以合樸教授的技術、業務及管理能力和合樸社群網路的支持，在真實商場立足，改善當前的消費環境。

合樸的規劃，巧妙了結合了生計的保障、生活的熱情及生命的意義，謂之「三生平衡」。

二〇一五年四月，雅雯受合樸委派到廣州的沃土工坊交換工作一個半月，在那裡認識了與她志同道合的大陸男朋友吳超。二〇一六年七月我再次探訪合樸時，他們已經結婚。合樸十年的照片裡，她仍和三年前初見一樣瘦弱，眼神和身姿卻很堅定。在合樸的平台上，她應該找準了自己的位置，蓄勢待發，準備開始新的人生征程。

# 合樸四・〇，封閉社群的新探索

二〇二〇年的平安夜，中翊走進樹合苑，分享他們一家這幾年來建築生態家園的故事。自二〇一三年加入合樸，中翊從核心成員圈慢慢獨立出來，尋求自己想要的自由。這是他第一次以合樸夥伴的身分回到合樸做公開演說，也可能是未來很長時間裡的最後一次。

好像是對一段生命里程的總結，也是一次重新的出發。二〇一四年，中翊開始在臺中西屯親手搭蓋生態建築，到二〇一五年女兒出生時，一家人終於搬進了與眾人協力搭建的生態家園。女兒的小腳踩過田間林地，爬上樹屋望遠，也隨著父母的工作志業，在自家的泥土竹屋裡接待了來自世界各地、島內外一波又一波的朋友。終於在她六歲的這一年，他們一家要搬離這片土地了。

中翊一家的生態家園原本是合樸永續教育中心所在地，除了臺中正五傑公司，他們所使用的空間還有另外兩位地主。隨著時間推移，幾位地主在最近兩年先後要求歸還使用權。中翊說，他需要用三種不同的互動方式來跟地主溝通，想盡辦法維持之前的生活。到二〇一九年底的時候，他經歷了很大的衝擊。長期的內觀訓練，讓他把這當成一個面對現實世界的練習。也是從那時候開始，他和太太余娜意識到，也許是時候進入一個斷捨離的階段。待在同一個地方太久，建立起了舒適圈，反而變得有些宅，他們開始設想未來的生活也許不會再有如「有時」一般的實體據點了。

曾經與他一起在合樸工作過的夥伴有些離開了，有些像合樸森林裡長出的新樹苗，開始了自己的新事業，但仍然和合樸保持著或近或遠的夥伴關係。

雅雯結婚後，越來越想和先生一起回到一處鄉下，成為以土地為生的小農。當初進入合樸工作時，想要回到家鄉的召喚變得清晰起來。在樹合苑工作五年整，二〇一八年底，她離職，準備和合樸夥伴按照參與式創業的方式，合作開一家豆腐店，卻因為各種偏差和意外未能成功。女兒恰巧在二〇一九年到來，於是他們一家這兩年留在了臺中市內。先生吳超在食品相關行業工作，雅雯主要負責帶孩子，照顧家庭。

吳超是中國大陸較早一批返鄉青年，大學畢業後不久就回到了湖南衡陽老家種植中藥材，曾在中國大陸知名返鄉組織沃土工坊實習十個月。他和雅雯都對鄉村、食農行業有著深刻的認知和認同，隨著女兒一點點慢慢長大，他們最近也在思考之後返鄉的可能。無論是參與合樸轉型發展的那幾年，還是自我探索的這幾年，雅雯和吳超都明白，選擇什麼樣的生活，歸根結底還是要回歸自我，找到真正想要的東西。

敏真的「豆在來」社區豆腐坊店繼續開在臺中南屯大進街，週末兩天休息。每個月第二個星期六，她仍然會帶著自己做的豆漿豆腐去擺攤。她和合樸的關係也不止於此。新進合樸的員工呂晉維，這半年來每週都會來租用她的工作廚房，製作豆漿豆腐，供給他的「粉絲」。晉維除了是樹合苑的正職員工，還創辦了自己的手作美食品牌「暖島」，休息日的時候會帶著妻兒到臺中周邊甚至臺北擺攤，販售手作的鹽麴、味噌。順帶還會帶上合樸農友的生鮮蔬果。互助、友善的創業方式，符合合樸一如既往的內在精神。

## 理想與現實的距離

事實上，除了敏真的社區豆腐坊，其他十幾家合樸夥伴創立的豆腐坊，在這幾年間紛紛歇業。以合作簡樸、友愛地球為宗旨的社區店並沒能抵抗市場經濟的衝擊。這與孟凱食農店長制度的十年暢想並不相符，現實與設想之間存在著不曾預料的距離。而雅雯也提到，在樹合苑工作後期，因為創業初始，員工們更多疲於應付每天的導覽、活動、食物製作和樹合苑日常維護，以長期人才培養為目的的食農店長設計，並沒有惠及到普通員工身上。

二〇二〇年，我越洋採訪了孟凱。他說，這三年來合樸都在推廣以合作社為主要形式的合作經濟。合作社作為經濟主體，對外是市場經濟邏輯，而對內部社員則採取合作經濟邏輯。這與合樸農學市集和樹合苑的建立初衷是一脈相承的，是在漸進發展中找到的新途徑。

二〇一七年後，孟凱越來越意識到，食農店長可遇不可求。一方面他看好的具備創業能力和經濟實力的人才，並沒有主動的意願成為食農店長；另一方面，想要開豆腐店，成為食農店長的年輕人，卻並不具備抵抗市場經濟的能力、閱歷和經濟實力。敏真可能是其中唯一一個能夠扛過創業五年期的人，她本人的能力、意願和家庭條件確實是獨特的。當越來越多進入食農行業的年輕人創業失敗，孟凱也在反思問題所在。

臺灣在工業和資本的長期裹挾下，社會貧富差距巨大。現在年輕人的心態早已和經濟起飛時代的年輕人不一樣，他們對社會現狀不滿卻感到無力。有一些選擇自暴自棄，被媒體貼標籤為草莓族，大多數人在掙扎或無可奈何，少部分人奮發努力改變現狀，卻可能敵不過別人的富爸爸。

身處弱勢而有志於改變社會的年輕人，單打獨鬥或許很難在市場經濟下存活，如果聯合幾個志同道合的青年，一起來創業呢？這聽起來像參與式創業的另外一種可能。

合樸成立的初衷就是集結眾多以美好生活為目標的人群，互相支持、彼此扶持，為合樸的每個人創造更好的衣食住行、環境生態。在合樸一．〇階段，每個人都像家人一樣，貢獻彼此的力量，支持個人的成長和發展，所以才湧現出那麼多新的可能性。合樸漸漸成長為一個小樹林，社群成員有的成長為小樹苗，有的在大樹上長出了新的枝枒。

之後，合樸在內部推出社群貨幣是為了更好的凝聚社群，不希望合樸因為眾木成林而迷失了原本的目標，讓一些好逸惡勞、有心搭便車的人破壞了合作、簡樸的初衷。社群貨幣，幫助遴選和團結更多有共同志趣的夥伴，形成一個更精實的、以創業為目標導向的群體，合樸由此進入二・○階段。

轉型到三・○階段，是合樸從互助團體轉向社會企業後發展的必然選擇。社群內長出了以不同部落為代表的獨立品牌，必須要走出小團體康樂自洽的圈子，走向社會。一方面要教育更多消費者，一方面也是開拓市場。

樹合苑創建之初，直接定位為企業。但保持著和合樸一脈相承的目標，致力於照顧地球、分享多餘、教育消費者，非常類似美國的三重基線（Three Bottom Line）企業。三重基線分別指盈利（profit）、人（people）與星球（planet），意味著在積極創造更多營收的同時，企業要通過他們的企業行為對社區居民和環境產生更大的影響力。美國對這類型的企業有稅收減免等各種支持政策，但是臺灣並沒有相應的法規。

樹合苑的主要營收來自於各種課程、導覽、活動和咖啡、食物、農產品的售賣，除了租金、水電等日常開支，還要支付幾位員工的工資。創業初期，雅雯等幾位員工需要付出超強體力勞動來為樹合苑爭取更多收入，這與樹合苑創建之前的社群氛圍是完全不一樣的。同期進入樹合苑的幾位員工先後離職，雅雯彼時在合樸工作也進入第五年。她各方面的能力都在提升，某種程度具備獨當一面，培訓新人的能力。但是她自己的個人願景，樹合苑對她的培養目標，並不清晰，她感覺到自己迷失在每天的工作中，沒有辦法找到內心的方向。她似乎回到了當初進入合樸時的迷茫狀態。

## 合樸四・〇：培養社群凝聚力

樹合苑這所生活學校的學員越來越多，接觸到的人群越來越廣，與合樸一・〇和二・〇階段相對閉合的社群經營方式發生背離。孟凱也越來越意識到，許多學員只是把合樸當做了職業培訓學校，學到技能後就想著離開然後開店或者擺攤，與合樸和樹合苑的連接並不像之前的農友、志工夥伴一樣深刻，甚至許多人並不能共用和傳播他們所珍視的理念。

合樸在發展過程中再次遇到理念與現實的差異，孟凱意識到，合樸需要從三・〇進階到四・〇階段。在這個階段，重點不再應該是培養社群夥伴的個人獨立性，而是要著重培養社群的凝聚力。「過去合樸過度依賴特定的個人，少數人承擔更多，少了集體承擔。這不是長久之計，合樸想要永續運作的基礎，是要凝聚這群人來共同承擔。」孟凱給出的方向是找到志同道合的人，幫助他們建立小型合作社，讓樹合苑也轉向合作社運作。

樹合苑仍然在開各種課程。除了原有的三個階段的豆腐課，花蓮無思農莊的無為老師在二〇一五年到樹合苑來上豆腐課，作第二人生創業的準備，因著黃豆的緣分，發展出無思農莊的釀造事業，孟凱與無為彼此欣賞和信任各自的理念，孟凱邀請無為老師像當初的學緯老師一樣，在合樸開設了活鹽麴、活味噌的三階手作課程。雙方還合作發起了「百釀千農」計畫，培養和認證「手釀師」，讓更多的手作加工畢業學員加入，支持臺灣友善土地和環境的稻作小農。此外，樹合苑還新增了養雞課程與藍染課程。

但是所有的學員在上職人養成課程前，必須先上合作學課程。學員們首先要學習摒棄資本主義市場經濟單獨利己的思維，學習合作社的七大原則[1]，學會在合作社中，共同承擔、合作和分配。

合作社在臺灣的發展行之有年，最具知名度的便是臺灣主婦聯盟消費合作社。通過對行業內合作社的觀察，孟凱發現，合作社內部很難做到真正的民主和自治，最主要的原因是東方社會的人情和面子，讓很多問題沒辦法如西方社會一樣攤開到檯面上來討論。以棄權表示反對，以沉默和小團體來默默對抗社內決議，最終導致社內的一言堂，合作社變得故步自封起來。

寇延丁[2]的出現讓這些問題突然有了解決方法。二〇一七年，在臺灣做訪問學者的寇延丁以單車環島觀察臺灣，來到臺中。因魚麗書店蘇雯紋的引薦，寇延丁上孟凱開設的賽局（合作學）課程，開啟合作共好教育的互相學習。二〇一八年，孟凱收到寇延丁致贈的《可

1 合作社七大原則內容為：自願與公開的社員制，社員的民主治理，社員的經濟參與——出資與利用，自治與自立，教育、訓練和宣導，社間合作，關懷地區社會。

2 中國大陸公益組織和工作的行動者、自由作家、毅行者、紀錄片獨立製片人，著有《一切從改變自己開始》、《行動改變生存：改變我們生活的民間力量》、《可操作的民主》、《敵人是怎樣煉成的》、《親自活著》、《走著瞧》等。二〇一七年至二〇一九年，以訪問學者身份來臺，居于宜蘭深溝，成為種稻種菜的小農，同時用食物釀酒釀醋。

操作的民主》，書中記載的是二〇〇八年，寇延丁和議事規則專家袁天鵬深入到中國大陸安徽阜陽南塘村，在村民中推廣羅伯特議事規則的全過程。洋規則落地鄉村，議事規則專家與當地村民互動、彼此調適，之後將繁複的羅伯特議事規則簡化成南塘議事規則十三條，培訓村民利用議事規則開會、解決實際生活中的問題。

這種種給了孟凱很大的啟發。他認為這也是解決合作社內部治理問題最合適也最實用的方法。除了邀請寇延丁前來樹合苑開設相關議事規則課程，他也深入鑽研羅伯特議事規則，與過往的「合作找幸福」課程結合，只是內容更深化，更強調實際生活中的應用，推出了新的議事規則課程。他說，如果說合作社是船，議事規則就是槳，兩者結合起來，才能讓合作社朝著真正合作、自治的方向航行。

## 全是員工，沒有老闆的合作社

「建立合作社，第一重要的是教育，第二重要是教育，第三重要還是教育。」孟凱說自二〇一八年以來，他花了很多時間在合作學課程、羅伯特議事規則課程上，技術類的課程反而開得少了。樹合苑請來臺灣合作事業發展基金會教育長錢金瑞，在合樸開設合作經濟課程，讓更多想要加入樹合苑或者進入食農行業創業的年輕人，先理解合作經濟的邏輯。樹合苑以學員為基礎，以「百釀千農」、「百豆千菽」等計畫為平台，引薦志同道合的人互相認識。在彼此信任的基礎上，再來談以合作社的形式創業。

孟凱認為比較理想的狀態是七位志同道合的人彼此合作來創業。雖然目前並沒有成功的案例，但是孟凱和樹合苑其他幾位負責人，比如雨林咖啡部落的頭目雪華，也在慢慢把自己曾經專職負責的內容下放，讓更多新成長起來的員工夥伴合作承擔起部落的經營和樹合苑的經營，一步一步把樹合苑轉往合作社來發展。「之後樹合苑全是社員，沒有老闆，或者說一群人都是老闆。」孟凱不願意說樹合苑最早五年的經營模式是錯的，只是沒有找到最合適的工具——議事規則，所以過程有些迂迴曲折。「合作社是非常重要的、有生之年要堅持的一條路，不會退回到食農店長的時代。但食農店長是一個過程，一樣真實。」經歷過合作社變身後的樹合苑或者合樸，將不再是一個如家人般的團體，而是一個對內對外都有嚴謹邏輯的組織。

未來，樹合苑的不同program將各自成立獨立合作社，根據不同需要，有的可以聘請專業人士來規劃行銷、品牌、通路等。社員們通過合作社，統一與通路洽談，或舉辦實體「線下」活動與消費者互動，搭配自有的「線上」通路來服務消費者。

陳孟凱冀望，未來十年，樹合苑不僅以合作社經濟模式協力創業、共食、共學、激盪，消費者與生產者還可以在此實踐可持續的互助生活。一如當初開辦市集的初衷，合樸能夠像自然農法照顧長大的生態系統，參差多樣，互信互助；成員們不以工作賺錢作為生活目的準則，而是形成一個斜槓青年的團結經濟體，創造出各自的美好生活，實現真正的自由。

合樸四・〇的轉變正在發生，我還沒有機會親身去看到現在的合樸、樹合苑的樣貌。在和孟凱的兩次交談中，我說起為什麼選擇深溝和合樸作為我長期觀察和學習的對象。很有意思，博士畢業論文以開放經濟作為研究標的的楊文全將深溝比喻成開放社群；而傳統ＭＢＡ畢業的陳孟凱一直強調合樸是封閉社群。兩者選擇的道路看似不一樣，但都在探索未來社會可能的組織方式和生活方式。

真實的人生活在真實的社群，在現實中飽受市場經濟、人情社會的衝擊，兩者在這幾年的發展都有些出乎我的意料，又似乎在情理之中。未來不可避免已經到來，當初的創新轉瞬成為新的日常，而我始終將自己代入到社群中的個人，期待著每一個朋友新的生命故事，也同樣期待合樸和深溝作為社群、組織或團體發展出的新樣貌。

# 合樸大事記

二〇〇六年十月，合樸農學市集籌備小組於臺中成立。

二〇〇七年三月，好好務農，好好吃飯，好好生活，好好讀書四類課程分別上線。

二〇〇七年五月五日，合樸農學市集第一次開集。

二〇〇七年九月，合樸農學市集搬遷至現址——寶雲別院。

二〇〇八年三月，臺中正五傑公司友情提供三分地，為好好務農課程提供實驗公田。

二〇〇八年六月六日，薪傳豆腐達人入門班正式開課。

二〇〇九年初，合樸搬到正五傑公司提供的位於臺中西苑的新場地，建立永續教育中心。

二〇〇九年初，陳孟凱帶領學員種植杭菊。

二〇一〇年，合樸規劃食農教育親子學習營隊。

二〇一〇年，發展合樸幸福學（社群貨幣、部落經營與賽局）凝聚合樸農友與志工。

二〇一一年，公平貿易咖啡課程開班。

二〇一一年，合樸在社區內部試行社群貨幣。

二〇一四年—二〇一五年，中翊帶領合樸夥伴在合樸永續教育中心搭建生態建築。

二〇一四年，孟凱與合樸夥伴打造舊屋綠改造空間「樹合苑」。
二〇一五年，樹合苑在臺中市區開張。
二〇一七年，賽局課程從對內開始對外開課。
二〇一八年，活味噌、活鹽麴課程開課。
二〇一八年，孟凱以「推動ＣＳＡ社群協力農業，實踐教育與推廣」獲得農委會農業優秀人員獎。
二〇一九年，都市養雞課程啟動。
二〇二〇年，議事規則與合作社經濟課程啟動。
二〇二〇年，樹合苑定位為第二人生創生學院。
二〇二一年，樹合苑開始籌備成立合作社。

別篇

# 美好生活的其他實踐樣本

## 江海菱——她買下幾百畝地，在泰國的山野裡回歸最自然的生活

海菱每天在泰國北部的山野中漫步，和鵝群、牛兒，公雞、喜鵲、白鷺、八哥、蜻蜓、蝴蝶、螞蟻在一起，它們是她的朋友，也是她的觀察對象。

有時，她躺著吊床上看遠處的青山和白雲，或者划著竹排到小湖的對岸採幾朵紫薇花，或者用長長的竹竿套著一個籃子去摘樹上的芒果，有的芒果沒有進入籃子而是撲通撲通地掉進了湖裡。

從二〇一四年冬天開始，她大部分時間都住在泰國北部山區的一個山水田園小鎮拜縣（Pai）。四年裡，她把生活跟自然、藝術、禪融合在一起。早起看山，讀詩，打坐。午後，在炸裂盛開的玫色九重葛底下鋪席臥眠。夜晚寫作，一年兩次閉關畫畫，不時製作自然裝置作品，也會為一隻被孤立的鵝連寫幾篇文章，專門畫一幅像。

## 半路出家的畫家

學畫以前，江海菱學的是經濟學和心理學。讀書期間，週末和晚上她會替一些小學生和中學生補習功課。和一般的家教不同的是，補習的地點在海菱租住的小樓裡，學生從幾十人為一個班到上百人一個班，海菱講到喉嚨從沙啞到刺痛，一天需要吃一盒潤喉糖。

那些父母和老師眼中的壞孩子，到了海菱這裡，都變成了乖小孩兒。她因此獲得尊敬，也獲得豐厚的收入。

那時，她還是某電台一檔深夜談話欄目的主持，收穫了很多的粉絲。

心理學碩士沒有畢業，她突然想學畫畫。剛好聽到有一位畫家隱居在蘇州的太湖，於是她就飛去太湖的島上尋訪畫家，並且拜師學畫。

畫畫兩年，她有了小小聲名。二〇一〇年，新型社群媒體新浪微博在中國大陸興起，她註冊了帳號，取名「為畫而生」。社群媒體每日熱點翻新，她卻注意到了一個患有白血病的女孩方肇新的求助。

方肇新在十五歲時患上骨髓增生異常綜合征（白血病預前），在十七歲時轉化成了急性單核細胞白血病（M5型）。治療花費早已超過家庭所能負荷，她在新浪博客記錄自己生病後的日子，並在微博上求助：「請大家幫幫我。」

海菱看過她在博客和微博上貼出的確診單和照片，相信這是真實的故事，心懷不忍，於是拿出自己最滿意的一幅油畫作品《四月巨集村記憶》，在微博上零元起拍。最終杭州一位企業家以一萬元拍下了這幅作品，沒有拍得作品的網友也紛紛匯款給方肇新。後來她又拍賣了另外一幅油畫《江南夢》，三天籌得五萬元給方肇新。小姑娘靠網路求助，籌集手術款成功移植。

我當時是杭州一家報紙的記者，因採訪此事與海菱相識。一年後，我離開報社到台灣讀研究生。後來得知，二〇一六年九月方肇新與海菱聯絡時，說到她身體很好，正在備考研究生。

二〇一〇年到二〇一一年，海菱在微博上幫助過很多類似的個案，深感力不從心。她呼喚出現一個網路公益平台，讓更多人能夠積極地參與。那時，她最關注的是在網上看到的被拐賣兒童，希望能建立一個資料庫，連結公安部和電信業者。她核算了下費用，然後發了條微博。很快，有兩位海菱作品的藏家願意各前期投入幾百萬來做資料庫。海菱讓她的朋友吳信號做了一個網路上能夠查找到的失蹤兒童的資訊彙總並且連結到微博上，邀請大家轉發，先匯聚人心。那條海菱已經刪除的微博被轉發了幾萬次，很多知名人士都參與了轉發。

遺憾的是，後來在海菱召集當時的一些意見領袖們開會前，大家已經產生了一些關於打拐活動的分歧，最後這個專案沒有實施，海菱也拒絕了兩位藏家朋友的捐款。

二〇一一年，海菱通過新浪微博關注到媒體人鄧飛發起的微博打拐，她非常高興地支持，此後又支持他發起的免費午餐、大病醫保等關注鄉村兒童的公益專案。海菱和她的繪畫老師持續捐出畫作義賣，二〇一二年，她的一幅《風雨來兮》在鳳凰網主辦的「美麗童行」公益盛典上拍賣，以二十萬元人民幣成交，所得款項全部捐贈給大病醫保項目。「他們在做的就是我自己想做卻又沒有能力做的，因此我必須盡最大的努力支持。」

## 逃出霧霾城，奔向自然地

二〇一二年冬天到二〇一三年初春，整座姑蘇城大部分時間都被霧霾包圍。海菱彼時借住在蘇州一家美術館作畫。美術館設計、建造都極為精緻，可惜四周環繞著一條臭水河。有一天，她站在美術館屋頂遠眺，四周的空氣和水都讓她感到窒息。

她打開世界地圖，發現這世界的許多地方她都沒有去過。「我畫著宇宙，卻連地球都沒走完。不如先隨身體畫行世界，也許會發現不一樣的宇宙。那裡，也許就是可以安頓身心的故鄉。」

她計畫幾年走完亞洲，再幾年走完歐洲，之後花幾年走遍非洲。第一站選定在清邁，只是因為這兩個字曾兩次出現，讓她歡喜。去之前她不認識那裡的一個人，去了之後卻發現走不動了。

清邁的一切，那麼對她的胃口，每走幾步就會撞見的寺院和咖啡館，便宜而豐盛的水果，路邊盛放的花朵，結滿果實或棲息著小鳥、松鼠的高樹，微笑合十的人們。

最難得的是這裡隨處可見的藝術氣息，房子是古舊的，每個人都樂意用不同的色彩、手作的雕塑造型，裝扮外牆和院子。幾乎找不到兩家一樣的房子，甚至連診所外都布置有玩偶、彩繪，「清邁的房子外多會寫上gallery和art兩個詞，在國內，只有畫廊才會寫上。這裡的人把生活與藝術結合得如此自然。」

在中國時，她就已經茹素半年多，這裡簡直是素食者的天堂，幾乎每家餐館都會有一個素食菜單，簡單卻保證乾淨。在清邁老城住了一晚飯店，她當即決定在這裡租房長居，「畫行世界」的計畫被她拋到了九霄雲外。

她的畫室就在清邁朗奔寺的不遠處，每天早晨，她都會看到一道特別的風景：托缽的僧人赤腳行走在城市或鄉村，人們紛紛拿出準備好的食物跪在路邊虔誠供養。這裡的寺院長老或住持的大門永遠是敞開的，任何人有問題都可以進去請教，帶上一瓶飲料或者糕點去供養自己的禪修導師，他們都會歡喜接受，誦經迴向，再聊幾句天，像家人一樣。

在清邁，她也像當地人一樣隨時供養僧侶，有次她在素食餐廳看到用餐的僧人，便對老闆說會為僧人買單，然後自顧用餐。餐畢，老闆才告知，僧人一直等在餐廳，等她吃好，誦經迴向，她忙閉目合十聆聽。

## 在自然裡觀見內在的喜悅

朗奔寺是泰國北部著名的禪修中心，在中國就已經接觸佛法的海菱，自然而然開始了短期禪修，升起了強烈的出離之心。此時剛好有一位老瑜伽行者向她推薦了緬甸一家可以常住的禪修中心。因此，二〇一四年二月她又去了緬甸，前後兩次禪修了兩個多月，第二次在另外一座森林道場禪修，她還選擇了短期剃度出家。

凌晨三點起床，經行、打坐每小時交替進行，上午十點半後不再吃任何東西，晚上十一點入睡。在破舊得除了一張硬板床和一張桌子、別無他物的閉關房內，她放下俗世中所有事務，只是內觀覺知自己的一舉一動，起心動念。

經此內觀，她更明晰自己想要過的生活。下半年重返泰國後，她搬到了距離清邁三個小時車程的一個山水田園小鎮拜縣。她租下一棟有著綠屋頂的石頭房和一座院子，群山環繞，院外就是剛收割過的稻田。海菱在這山林間安頓下來，停了兩年的畫筆，終於又提起來了。

跪在拜縣的田野裡，她發願，要在十年內建造一座自然、藝術與禪修合一的基地。「通過音樂、繪畫、舞蹈、瑜伽等，清淨人心，激發人自身的覺性，獲得心靈的平靜、喜悅、自由。」她拍賣了自己的畫作和詩歌，加上朋友和粉絲的支持，很快就籌到了一筆款項。

「久在樊籠裡，復得返自然」，海菱的朋友也發現，她到泰國後的狀態與在國內時判若兩人。她不再如詩人般憂傷自憐，變得陽光、積極、充滿活力。

海菱說，以往做完公益，並不感覺到快樂，只有如釋重負之感，而在清邁和拜縣，她每餐吃得很簡單，有多餘的錢就用來供養寺院。每日與花草樹木對視，與日月星辰作伴，內心滿溢喜悅。

對她來說，無論是自然、藝術、禪修，都是為了向內覺知，通達最後的自由。身在自然中，她得以剝去外在的附著，清淨地關照自己的身心。曾屢遭家庭變故，海菱笑說，她生下來就是一個老人。年過三十，反而在異鄉重返童真。

## 在山野裡做一株快樂的植物

海菱居住的自然藝術禪基地，位於拜縣一個名為Wiang Nuea的地方，已經在建設中的有五十畝，周邊另外幾百畝也已簽下了合同。

從二〇一四年末發願要建立一個自然藝術禪基地開始，海菱便跑遍了拜縣的每一座山頭，每一條河流，每一座村莊。二〇一六年八月二十三日，在朋友疲累不堪時將車開到了一段泥濘的爛路的盡頭，不遠處的小坡上有一扇城門，這是他們在這個村莊裡遇到的第四扇門。

「回去了吧?沒有路了。」朋友說。

「開上山坡，也許前面就是一個美麗新世界。」海菱說。

朋友踩了下油門，汽車衝上了山坡。

一個真正的美麗新世界顯現在眼前。

那一刻，他們就是誤入桃花源的武陵人，這裡就是桃花源——她夢想的自然藝術禪基地，就應該在這片山水間，甚至不需要再搭建新的房屋。

與房東幾經商量，終於從長租十年，變成了永久購買。定居下來才聽城門外村莊裡的老人說起，這是十四世紀蘭納王朝的一處古王宮舊址。如今可以看到四座保存完好的城門和護城河。不下雨時海菱就會沿著柚木林在護城河邊散步，早晚在一座木樓上禪坐。

除了管家和園丁種植的蔬菜，飼養的雞鵝下的蛋，整個山谷都是她的食材花園。天然野生的椰子、芭樂、芒果、木瓜、香蕉、楊桃，現摘下來就可享有。山谷裡的一些花朵她也試著入菜，麵疙瘩、素粽子、素火鍋、鮮花湯圓，樂此不疲地將每一餐當成一件藝術作品去創作。涼亭裡用餐，湖邊草地鋪上茶席，花樹下支一小桌對飲，海菱像喜愛的古人那樣生活，源源不斷的創造力從她的腦海裡蹦出來，立刻就付諸實踐，每天都玩得不亦樂乎。

興起的時候，她和管家、園丁一起，砍來竹子做竹排。竹排做好，大片時光又被她扔進湖裡。她還試過用竹子做成傘型信號塔裝置，或者在竹林裡的竹子上寫字。陰天的時候，就在四野空曠處畫畫；冬季早晚變涼，她就設計了一個烤火小裝置。她把自己的畫和衍生品掛在自住的小木屋牆外，與整個基地融為一體。天地就是她的工作室，也是展廳。

身在桃花源，她並不只是沉浸在自己的小世界裡。國內發生的各種事，仍通過網路傳遞過來。她還是時常在朋友圈賣畫賣詩或者眾籌小專案，支援國內的公益事業。她的朋友圈也是她的藝術實驗場，記錄日常生活的自然與藝術之美，分享給朋友們，哪怕只有一瞬間的觸動，她也相信能帶給他們喜悅。

偶爾有相熟的朋友來探訪，他們都只願意和她一起待在這山林裡，和她過一樣的日子。幾日下來，他們就蓄滿能量，重新回到上海、北京去面對俗世的種種。

創建這個地方的初心，是為了裨益到更多的人。海菱在持續建設農場、藝術館、靜修中心的同時，也歡迎世界各地的自然教育、養生包括覺性教育專案入駐，一起創建更好的世界。

註：江海菱在二〇二一年五月，因為新冠疫情回到中國大陸，目前暫居雲南大理。

# 孫姍——自耕自足，他們一家在加拿大做農民

二〇一九年的第三個週日，加拿大首都渥太華下了五十年來最大的一場雪，一天二一・八釐米。

孫姍坐在距離國會十幾公里的家中，研究著怎麼給自家的小農場報稅。不用抬頭，她就能感覺到窗外大雪飄飄，白皚皚一整個童話般的世界。

在成為農夫以前，孫姍和先生李波都在北京的ＮＧＯ組織工作，每天都在為更美好的世界而奮鬥，卻很少有機會親手做一頓飯。更不用說像現在這樣，一家人吃的大部分都是親手種出來的。

「好幸福啊，可以看想看的東西，想怎麼做頓好吃的。」孫姍說，現在每天都在踏實地生活，沒有與具體的事擦身而過。

## 當個人的生活不可持續

孫姍是地道的北京人，上小學時就住在離天安門不遠的街上。那時候城市很安靜，陽光很舒服。每到冬天，她總跑去故宮背後玩，護城河凍結了一半的時候，小孩子扔一把石頭在河面上，可以聽到好似鳥鳴的聲音，很神奇。

後來城市變得越來越大，她家也越搬越遠，直到五環外。一九九七年，她到了美國，在喬治梅森大學念環境與公共政策碩士。畢業後就在美國國家衛生院的癌症研究所工作，一邊在馬里蘭大學攻讀動物學博士。這在當時也是極難得的工作機會，可她總覺得哪裡不對頭，不能再待下去了。

孫姍決定回國，接近社會的真實面。二〇〇二年，通過國際環保組織「保護國際」的面試後，她回到北京，和北京大學的呂植老師一起，在孫媽媽辦公室的二樓創辦了「保護國際」中國專案。後來保護國際中國專案搬到了北京大學，重點支持中國西南山地橫斷山區的生物多樣性保護。

孫姍作為執行官員，那五年中奔走在西南四省的林間水域，她說就像是經歷了一次上山下鄉再教育。原本她並不懂得書本之外的環境保護是什麼，甚至當年她回國的時候，她的家人還將「環保」與「環衛」混為一談。孫姍從他們支援的基層社區環保組織身上，學到了從課本上學不到的環保知識。

二〇〇七年，孫姍和呂植老師等同事一起創立了山水自然保護中心，並擔任執行主任。他們籌集的資金更多，環保的力度更深，面更廣。二〇〇八年，孫姍的兒子傑瑞熊出生，她的衝勁並沒有褪下來，拎著嬰兒提籃參加各場會議，帶著集乳器去了金沙江、臺灣出差，只是為了讓孩子自然離乳。孫姍說，那時候她都沒有任何意識要在生活和事業之間取捨，沒有想要把腳步慢下來。

一直到孩子兩歲以後，孫姍沒辦法單獨帶著他出差。她在親自照顧孩子和自身的事業追求間，產生了強大的拉扯。二〇一二年，孫姍帶隊參加在巴西里約熱內盧的聯合國地球峰會。會上，來自全球各地、在環境和可持續發展領域奮鬥了幾十年的各路神人分享了他們的故事。孫姍強烈意識到：想要地球環境可持續，首先每個人的生活要可持續。二〇一三年冬天，北京嚴重霧霾。五歲的傑瑞熊出現嚴重過敏，眼睛喉嚨水腫，眼睛閉不上，聲音嘶啞，吃了過敏藥會好一點，可下次霧霾又會再犯。

同時她和李波的身體都出現了狀況，吃不好，睡不著，焦慮，害怕離家。孫姍明白自己的生活不可持續了。他們信仰友善環保的生活，在北京小毛驢市民農園租了地種菜，卻因為太忙，最後都是父母親戚們在幫忙料理；請朋友從美國背回來的堆肥桶，很多時候都閒置著；認識到化學日用品有許多危害，但因為忙碌，無暇他顧。「我們自己都沒辦法做到可持續地生活，還去教別人，感覺不夠真誠。」他們終於決心從無限忙碌的狀態中退出來，慢下來，歇一歇。

## 農業這事兒咱們也能幹

二〇一四年三月底，他們一家搬到了加拿大。當時並沒有想著要去務農，只是過去三十多年都在不斷做加法，幾乎一天都沒有歇過。作為可持續發展培訓項目的負責人，孫姍曾帶隊在臺灣和日本參訪各種優秀案例，比如日本的大地協會、臺灣宜蘭的志願農民賴青松。她反思自己的職業人生看似順利，但要做到知行合一，需要更主動地選擇。

到了加拿大，他們都沒有急著工作，想慢慢找一份可以照顧好生活的事業。因緣巧合，他們住在安大略省布魯斯縣的農區。當地出版有一份美食與農業地圖，標注著使用本地食材的餐廳、精釀啤酒廠、乳酪廠、烘培坊。孫姍和李波像挖到寶藏，趁著孩子上學，他們標注好開車兩小時能到的地兒，左右出擊地去參觀。去了以後，就像個記者似的，把人家有關種植經營的事兒問個澈澈底底。

這樣過來一個月，他們發現，「農業這事兒咱們也能幹，（開農場的）不都是祖傳三代的農民。」他們認識了一個姓薛的華人女孩Brenda，原來在多倫多銀行工作，希望改變金融界壓力巨大的生活方式，決定去試試做農夫。剛開始她在朋友圈裡找了五個支持者，做起來CSA（社群協力農業），每個人每年大約五百五十加幣，可以得到十六週的新鮮蔬菜和雞蛋。Brenda的農場現在可以供應五十個CSA成員家庭了。

孫姍問她，從小就沒沾過土怎麼就會做種菜養羊的事？她回答說，一點一點學的，不容易，但是「It's manageable。」意思就是，這事是能做到的。孫姍回頭想探訪過的那麼多農場，發現這個manageable還有一層意義，「這事是可控的，不會瘋掉。」

從那之後，他們的探訪地，除了別人家的農場，也有一些正在賣的農場。每看一個農場，他們就在腦海裡構築了一種鄉居生活圖景。看了小半年，其中兩次差點就出手了。但因為從沒有做過農業，要把美好的願望落實到一塊具體的地上，臨門一腳時又猶豫了。

找農場的第一個月，他們不經意間闖入了布爾喬亞夫婦的農場。男主人尤金是退休農夫，七十多歲了，他和妻子安是一九七〇年代的一對返鄉青年。一九八六年，他們夫妻共同創辦了「哲學家的手作羊毛衣」公司，與當地作羊毛工坊合作，把羊毛脂含量很高的羊毛做成粗線，用蘇格蘭風格的毛衣設計，在北美發展出一批粉絲。公司一度收購安大略省百分之五的羊毛，帶活了很多農場。

孫姍一家與布爾喬亞一家很快就成了很好的朋友。到了九月，孫姍一家仍然沒有找到合適的農場，尤金和安說，新農夫總是會犯一些錯誤，不如先在別人的土地上犯了以後，再去成熟地處理自己的農場。他們邀請孫姍一家搬到他家來住。尤金爺爺說，做農業，掙的不是大錢，是一堆好朋友，一個好生活。

哲學家的農場占地四十英畝，空間足夠大。農場曾經養羊，老兩口退休之後，十年不曾耕作。要準備第二年春耕，就要趁著土地上凍之前提前犁好地。尤金爺爺請來自己的好朋友——羊農協會的主席約翰，教這對新手農夫駕駛曳引機犁地。簡單示範後，孫姍和李波輪流開起了曳引機，「一年前完全想不到自己會做農業，這會都坐在曳引機上挖草根了。」

## 土地是一生想做的事

孫姍和李波給自家農耕地取名為「蕺菜園」。蕺是古漢語，指魚腥草、折耳根，是西南山地常見的食材。李波來自雲南，家裡日常食用魚腥草，出了西南卻不那麼常見。想不到，在加拿大的一次花卉展上，讓他們給找到了。西人稱之為變色龍草，不吃，只作觀賞之用。蕺字有「戈」，取象徵意義，他們希望好食物可以防病防身，希望蕺菜園可以在東西方之間傳遞文化和資訊。

蕺菜園加入了安大略省一個幫助新農夫的機構FarmStart，參加了各種講座、農場參訪和農夫聚會。農業從瞭解當地的物候開始，比如這裡一年只有五月十八號到九月十八號四個月無霜期，所有土壤的操作要圍繞無霜期設計，如何在這之前育苗、如何建大棚，怎樣在冬季來臨前儲存和加工食品都是農夫必備技能。還有怎樣申請資金，怎樣組織CSA等現代農夫知識介紹。

新青年返鄉是種浪漫，但具體的工作會讓人時刻感覺要瘋掉。新農夫的potluck百樂餐聚會，讓他們可以傾吐許多不足為外人道的辛酸。第一年務農，很多農夫完全沒料到最大的困難是睡不夠。有牛羊的農場，有時候要三點半起床，幹不完的活兒，做不完的田野記錄，賣不完的菜。可以說，FarmStart提供的支援，一半是技術，一半是精神。FarmStart的廣告說：「我們做不到讓你的務農路更容易，但是可以讓你少孤單。」

這不容易的路仍然要自己走。他們買來各種種植相關書籍，參加各種有機農業會議和農業展，像做試驗一樣耕種管理。接近冬天，他們嘗試用覆蓋地膜的方式，將綠葉菜的生產季從十月延長到了十二月。還在地裡嘗試了至少三種玉米的種植對比試驗，買了六隻母雞下蛋，三十隻公雞做肉雞。

剛開始去農夫市集賣菜，他們只是對著人微笑，完全不懂得和顧客搭訕。慢慢地，他們攤位越來越多回頭客，葳菜園出品的混合沙拉蔬菜、各種口味的泡菜成了招牌。他們手作的法式麵包，讓法國人都直呼幸運，能在異國他鄉嘗到家鄉味。

務農的第二年，葳菜園參加當地農展會，拿下兩個一等獎。八歲的傑瑞熊種出的蔬菜得了少年蔬菜組一等獎，李波親手做的多種蔬菜裝飾籃也得了一等獎。孫姍則負責罐裝保存食物、乾燥食物，在市集銷售和宣傳。

做農民以前，儘管做過許多看起來偉大正確的工作，孫姍從沒有過一生做好一件事的想法。務農以後，她覺得和土地、植物打交道，「這輩子就想做這一件事了。」

農民可以做的事太多了。往生活裡說，除了肉類，他們家基本可以做到自給自足了，蔬菜、水果、雞蛋甚至麵包、豆腐都可以自產。從科學角度談，有生物學背景的她看了大量有關植物、生態農業、土壤、腸道微生物的文獻，還能基於自己的小地塊為實踐研究提出問題。站在環境政治的立場，可持續農業、生態農業、食物主權的另一頭還承擔著整個人類的未來。

歸根到底，做農民給了她最大的自主權，去探索什麼才是她想要的生活，什麼才是好的生活。這也是她人生中途轉場最想要找到的答案。

## 自產自足，掙一個好生活

在哲學家農場住了兩年半後，依依不捨地告別兩位老人，孫姍一家搬到了渥太華市郊的一個小村子。這裡地理位置更方便聯繫更多的人。他們通過了當地「公平食物聯合農場」的面試，成為被扶持的新農夫之一，還在距離農地五分鐘車程外找到了一個可以負擔的小房子，搬進了新家。

和新的一群人共同學習務農、賣菜並沒有什麼困難，他們再次感受到有著相似理念的一群人彼此間的信任與支持。公平食物聯合農場是一個運作成熟的農場社群，除了農場、市集、新手農夫專案，他們還開發了一個「美味渥太華」地圖、網站和App，為購買本地食物提供諮詢，為本地農場、使用本地農產品的餐廳、零售店、批發商作認證，並有各種本地食材導覽路線和活動。因為靠近首都，他們經常接待來參訪的學生、NGO團體。蕺菜園被卡爾頓大學環境學院和渥太華營養學院等院校，選為實踐課的上課地點。

特別值得一提的是，農場社區裡有一個地球之逕自然學校。傑瑞熊從九歲開始，每週從公立學校請一天假，來參加自然學校的課程。他和同學們一起在森林裡爬樹，搭堡壘，自製鞦韆，學習用樺樹皮生火，圍著篝火聊天分享午餐，有時候在旁邊的格林溪探險，回來再烤乾腳與鞋襪。找蟲子，觀察野生動植物，做木頭和繩子的手工這些更是不在話下。

孩子和土地連結的成長是孫姍和李波這幾年來最欣慰的事。搬到加拿大後，傑瑞熊幼兒時的過敏症狀再沒有出現。他跟著爸媽下地種菜，去市集練攤，每天餵雞、撿雞蛋、作養殖紀錄。週末跟爸媽去參加各種活動，或者在家烘焙、做飯。窩冬的時候，和媽媽在家畫畫、織毛衣、看書寫字。或者一家三口穿著雪鞋出去散步，越野滑雪，傑瑞熊還坐在曳引機上，幫忙耕地。

這樣的童年經歷讓國內的許多朋友羨慕。孫姍把傑瑞熊的成長經歷設計成一套自然教育遊學營，和地球之巡自然學校合作，邀請國內的家庭來加拿大訪學。食農和自然教育也是蔬菜園的業務之一。

他們的收入構成，除了擺攤賣菜，遊學與教育專案，還有翻譯，做基金會諮詢，幫忙其他農場寫計畫案，寫作等等。即便如此，夫妻倆的收入也只抵得上加拿大一個人的基本工資。孫姍說，「做小農場確實很難賺到錢，但是吃得好、睡得香，時間自己說了算，可以看書寫作，每天都學習可以用於實踐的知識。想到了就去做，所以沒啥好抱怨的。像尤金爺爺說的，認識了那麼多朋友，多年沒見的人生各個階段的朋友都來看我們，掙了一個好生活。」

# 我在美國大學種菜：與各國鄰居們共耕共食

二〇一五年，我的先生慶明申請上佛羅里達大學的政治學博士。我們倆雙雙辭去杭州媒體工作，帶著四個月大的女兒搬到了美國。我的心裡一直有個返鄉夢，卻為了家庭走了一條看似截然相反的路。

沒有想到，我們在居住的小城——佛羅里達州蓋恩斯維爾市（當地華人稱為甘城），居然有機會提早實踐農耕生活。

搬到美國的第二年，我們住到了校園內的Corry Village。這個社區在有名的愛麗絲湖和蝙蝠屋旁邊，湖水開闊晶藍，與澄藍的天空相接，烏龜、小鱷魚和各種魚類悠遊其中。湖邊的熱帶樹木因被大量西班牙藤寄生，風吹過，好似柳影婆娑，讓人有置身杭州西湖的錯覺。

甫安定，就遇到對門鄰居Iwan穿著膠鞋去菜地丟廚餘、幹農活。原來在社區旁邊有一塊多族群生態學農林園地（Ethnoecology Agroforestry Garden，建立在多族群生態學基礎上的農林混合種植園林；多族群生態學是探討人類族群與其周遭生態系統的互動與相互關係，以及不同族群利用自然資源的傳統生態知識），由佛大生物系和農學系的一些學生、助教負責打理，他們把生活廚餘收集起來發酵，用作園地的肥料。

我在臺灣讀研究生時養成了收集廚餘的習慣。可惜的是，來了美國發現，除了簡單的瓶罐紙箱有回收，其他分類做得並不細緻。我很興奮終於有個地方可以接受我的小小環保理念。Iwan也很熱情地邀請我們加入他們的「祕密花園」。

從那天起，我們像是愛麗絲掉進了兔子洞，這片祕密花園成了我們半農實踐、躬耕育兒的好所在。也因此連接起珍貴的朋友，讓異國求學生涯變得豐富多彩。

## 祕密花園

多族群生態學農林園地位於蝙蝠屋後面的林地裡，從外面看，完全不知道裡面別有洞天，所以Iwan和朋友們把它叫做祕密花園。

初次探訪祕密花園，是在二〇一六年秋天一個週五傍晚。多族群生態社區的朋友們，如約在這個時候共耕共食。

我們帶著當時一歲四個月大的女兒希蔓，沿著Corry外側道路進發，穿過一片工整的草地，就看到兩塊凸起的大石形成的隘口。走近，孩子們嬉戲的笑聲透過樹蔭傳來。穿過隘口，眼前豁然開朗，只見幾個五、六歲的孩子，在一個新木架構平台爬上爬下。平台建在一顆大樹下，濃蔭蔽日，灑下斑斑日光，木架頂部爬滿了好似睡蓮的紫色百香果花。

那一刻，我以為自己是個誤入桃花源的武陵人。

這個木平台，可以容得下約四、五十人，兩側還有木凳子和木桌子，中間是一個石頭搭成的燒烤爐。那時的我沒想到，日後會請二、三十人在這裡慶祝中國的新年。

旁邊放置了幾把塑膠椅、鐵藝椅和一張木桌，桌上放著玻璃花瓶，可置花可放許願燭。樹枝上蕩下來一個網狀鞦韆，還有幾盆吊蘭、綠植和彩色項鍊。樹幹上貼著幾個小房子木片，還有一看就知道是手作的指示牌「Secret Garden」。整個園地看似漫不經心，卻充滿野生和自由的童趣。

正在嬉鬧玩耍的，是Iwan七歲的女兒Isabella，還有來自馬來西亞的七歲的Afif和四歲的妹妹Zahra。Iwan懷孕的妻子坐在旁邊木凳上，一邊看著孩子，一邊用手剝著剛摘下的扁豆莢。

Iwan來自南美國家蘇利南，念的是生物識別，已經在佛大學習了七年，學成之後將是他們國家這個領域的第一位博士。Zahra和Afif的爸爸在佛大念水生動植物學博士，也快要畢業了。

他們的媽媽Aina是中學老師，和我一樣在美國沒有工作權，時常帶著孩子來參加共同勞動。我們的印度鄰居Bhavna和她一起在除草。Iwan和佛州本地人Ethan正在澆水和巡視整座園子，順便摘些成熟的瓜果蔬菜。

Ethan畢業於佛大環境園藝學，後來留校工作，成了這片園地的管理員。幾乎每個工作日的下午五點，他都會在菜地裡勞作，直到天黑。每次他都會開著自己的大皮卡，偶爾帶著自己的金毛狗來陪他。

那天，孩子們一個個爬到Ethan的皮卡車上過家家。希蔓也自來熟地加入他們。從來沒有爬到那麼高，也沒有和這麼多小夥伴一起玩過，她開心得大叫起來。那天，她還經歷了許多第一次：第一次看到長在樹上而不是放在貨架上的香蕉；第一次吃到了新鮮的甘蔗——Iwan掏出小刀，砍下一節去皮，塞給才長了十二顆牙齒的她。

## 共耕共食

從那以後，每週五傍晚，我們都會和來自印度、馬來西亞、蘇利南、瓜地馬拉、法國和德國的鄰居們，一起去勞作。

Iwan和Ethan會請我們去做當前最緊要的工作。秋季剛好颶風季節過去，草快要把低矮的菜畦淹沒了。我們幾個女生負責拔草，慶明和幾個男生推著獨輪車，運來堆在附近的廢棄木料，鋪設菜地小徑，防止野草蔓生。Ethan把颶風後枯萎的香蕉樹幹切下來，鋪在林間作路面。有時候，廚餘發酵好了，我們要整理過篩，灑在菜地和樹根下沃肥。

名副其實，多族群生態學農林園地有著超過一百種植物物種，果樹、花木、蔬菜、草本香料……我叫得出名字的只有二十幾種。從隘口進去，就會看到一棵蓬勃的無花果樹，樹蔭下，種著兩種不同的羽衣甘藍和青花菜。再往裡走，是一片高大的香蕉林。

秋日，除了部分葉菜，還能收穫秋葵、四季豆、豇豆、瓠瓜、甘蔗。冬日，草木凋零，只有軟柿子碩果僅存。帶著白霜的柿子晶瑩飽滿，咬下去全是汁水。來年春天，蕃茄、四季豆、南美辣椒、茄子、櫛瓜輪番上場。菜地正中一棵約有十年的大桑樹結滿紅色、紫色的桑葚。桑葚爆發的同時，路邊的幾棵枇杷也剛好結果。進入五月，藍莓和黑莓也漸次有收成。

我還在菜地裡看到了湖南老家常見的覆盆子、紫蘇，臺灣的九層塔，和來自東亞的低矮孟宗竹，可惜沒有挖到過竹筍。Iwan曾帶我們參觀菜地，看起來像雜草的植物，原來是南美或印度、斯里蘭卡的香料，薄荷就有好幾種，加上春夏秋次第開放的鮮花和多年生的植物，真不敢相信這塊大約一分的地，能有這麼多樣的生物種類。

每週五的共同勞作後，是我們的聚餐時間。除了我們鄰居，佛大的學生老師們也會加入。現摘下地裡的羽衣甘藍等各種綠葉蔬菜，洗乾淨後，摘下萊姆，切半，擠汁，拌點鹽和橄欖油，就是一盆健康的沙拉。大點的孩子，已經學會了採摘、清洗、拌沙拉的整套流程。

我試過用地裡的九層塔做臺灣的三杯雞，用超市難得一見的紫蘇葉包了越南春捲，也用現學的手藝，學會了包包子、餃子和壽司，帶到地裡和夥伴們一起分享。

Aina是個料理高手，隔三差五也會帶一些用地裡的菜做出來的美食。貪嘴的孩子總是等不及大人們勞作完再開動，她砍下一片新鮮香蕉葉，裁成一塊塊鋪在木製檯面上，把帶來的食物放在上面。孩子們洗乾淨手，一字排開或站或坐，伸手就抓著來吃。

Ainal用當季的瓠瓜刨絲炸成的素丸子，讓我們家不愛吃蔬菜的女兒也多吃了幾個。吃兩口就和她的小夥伴互相對望，毫無徵兆地報以傻笑。

## 多民族共存的生態樂園

第一個秋季，除了每隔幾天丟廚餘，我們只在週五或週日去勞動。Iwan卻幾乎每天都去。他的太太說，他正在做最後的畢業實驗，每天都很焦灼，在家裡待不住，就去菜地勞作一陣子，減減壓。

有時候早上八點他就會敲開我們的門，送來一根「中國絲瓜」。本地的中國超市，也能買到這種像楊桃一樣長著五、六個棱角的絲瓜，表皮硬到一定要用刀才能削掉，柔軟的內裡，清炒出來後卻跟小時候家門口種的絲瓜味道相似，自帶甜甜的香氣。

一個週六早晨七點不到，Iwan穿著泥濘的膠鞋站在門口，遞給我一個掛著霜的小柿子。我忍不住想笑。因為前一天的傍晚，我們在菜地分頭勞動，會合的時候才發現慶明和希蔓在吃柿子，我開玩笑說，怎麼都不給我留一點。Iwan在旁聽了去，隔天大早就給我送了一個來。

晶透的小柿子，握在手中綿軟，一口咬下去，顧不上皮的口感生澀，甜膩的汁水開閘一樣沖過齒縫奔入喉嚨。怎麼跟小時候奶奶留給我吃的柿子一樣！Iwan說這確實是一棵中國產的柿子樹。也許是多年前，某個思鄉的中國人，從國內帶來種子種下，想要聊慰那顆家鄉的胃吧。

這個祕密花園已經有二十多年歷史了。最開始是由佛大研究熱帶土壤的Hugh Popenoe博士建立。他對低投入的傳統農耕系統很感興趣，寫作博士論文時，與耶魯大學人類學家Harold Conklin合作，一同研究菲律賓民都落島南部一個部落的生態與農耕進程。Conklin是第一個提出「多族群生態學」概念的學者。

後來，知名多族群生態植物學家Richard Schultes訪問佛大時，吸引了一批來自植物系、人類學系、地理系和農學系的學生一起合作。他們在Popenoe帶領下，在蝙蝠屋後面開墾出一小塊園地，開始低投入農耕和農林生物多樣性的實驗。由此，多族群生態植物社團變成多族群生態社團，偏向研究人與環境如何相互影響。

真正令園地發展起來的人是Popenoe教授的研究生Jay Bost。他在二〇〇六年秋天加入，召集起一群多族群生態學課程的同學和其他科系學生，實驗栽種和尋找可替代的資源，用就近的蝙蝠糞、稻桿、廚餘堆肥來肥沃土壤，把香菇嫁接到木樁上，養殖蚯蚓，打造不同格子棚讓藤類植物攀援，還栽種了許多驅蟲的香草。

二〇〇七年，這片園地登上了佛大校報《短吻鱷報》（*The Independent Florida Alligator*），變得遠近聞名。大家共同勞作，宣導人們回到與自然相處的環境，並把這個園地分享給附近的幼稚園，教孩子們認識動植物。

## 躬耕勞作，豐富了女兒的童年

為了讓孩子們體驗從種子到果實的全過程，二〇一七年初，慶明和法國鄰居Nicolas商量後，決定一起把祕密花園裡的一塊荒地開墾出來，種點自己想種的菜。他倆拿起砍刀把齊人高的枯草砍去，再把地表的枯枝、荊棘鋤乾淨，一片黑色的土地裸露出來。Ethan從佛大校園內的星巴克拉來咖啡渣覆在表面，加上發酵好的廚餘有機肥，一個月後，就可以鬆土建壟了。

春天一到，Ethan拿來他在溫室培育好的蕃茄苗，共有十多個品種。蕃茄們的長勢非常好，不到一週就結出了小果。等待蕃茄成熟的日子，我們追著種了半畦大蒜，又從鄰居阿姨那裡要來她從河南帶來的各色瓜籽、菜籽，找Ethan要來育苗盒，正式開始從種子到果子的神奇旅程。

我們用廚餘堆肥發酵成的黑土來育苗，篩土、播種、移苗、澆水，每個步驟都讓當時只有一歲半的女兒參與。一整個春天，每天傍晚我們一家三口都會去菜地散步，扔廚餘，澆水和看望菜菜們。到了週末，就和鄰居們一起來勞動，順便帶孩子來菜地捉迷藏──他們都知道要小心腳下的蔬菜和螞蟻窩。

春天萬物復甦，我們的祕密花園裡，除了勤快的螞蟻、蚊子，還有等待著孵化成蝶的毛毛蟲。我們在Iwan和Ethan的指引下，尋找馬利筋。十幾隻毛毛蟲棲居在一株半米高的馬利筋上，主要靠吃馬利筋的葉子維持生命。等到葉子吃光，它們就會到臨近的樹上躲起來作繭。當它們蛻變成美麗的帝王斑蝶，馬利筋的葉子也會重新長出來，等待新一批的毛毛蟲。

除了昆蟲，我們還在園地看到過小黑蛇和蜂鳥，以及周邊常見的烏鴉、白鷺、畫眉鳥和藍色知更鳥。因為臨近蝙蝠屋，每到傍晚就會看到幾隻老鷹停在旁邊木椿上。待天黑蝠群飛出，它們便伺機出擊抓幾隻現場享用。我曾經看到過一個說法：如果一個農場有老鷹，就說明這個地方的生態鏈是完整的。翻看多族群生態園地的Facebook，幾年前他們還發現過白鼬幼崽，看來生態多樣不只是指植物的多樣，也包括動物的多樣。

二〇一七年復活節，我們在園地給孩子們準備了一場尋找彩蛋活動。他們循著每天走過的路線，找出我們預先藏好的彩蛋，掏出裡面的糖果來吃。等他們找完彩蛋，發現已經站在碩果累累的桑葚樹下。大人小孩一起分享桑葚、枇杷、櫻桃、蕃茄和覆盆子的美味，稚嫩小兒站在樹下不肯離去的樣子，讓我又好笑又感動。多虧了這個祕密花園，希蔓的童年可以像一個鄉下孩子那樣豐富。

想起來，一個訪問學者曾跟我說過，她帶孩子來湖邊看鱷魚，兒子卻指著水面說，「媽媽，原來蜻蜓點水是這個意思啊。」她才發現，一隻通體藍色的蜻蜓從水邊的小草飛落到水面，又快速飛遠，點起圈圈漣漪。

從自然中，學習和收穫到更多。這正是我們想給女兒的最美好的教育，也是我們想過的生活。

# 我在美國大學種菜：永續農耕的復興

二〇一五年，剛搬到美國佛羅里達州蓋恩斯維爾市，我們隨朋友到佛羅里達大學愛麗絲湖看鱷魚。湖的對面是一塊工整的菜地，就在學校十景之一的蝙蝠屋東側。我們把菜地當成景點一樣好好觀賞了一番。

那時候，我們以為那只是學生或家長租種的菜園子，後來才知道，這是佛羅里達大學的學生農學園（UF Student Agricultural Gardens），集教學、生產、展示、實習和休閒功能於一身。

想不到一年後，我們就住到了農學園旁的社區Corry Village。和鄰居在相連的多族群生態農林園地種菜，也讓我們有機緣更深切感受農學園永續食農的魅力。後來這個園地改名為佛羅里達大學產地和餐桌園地（UF Field and Fork Pantry Garden），為學校的低收入家庭提供免費的新鮮蔬果。

## 美景屬於遊客，蔬果交給學生

我們第一次到佛大學生農學園參觀，完全是意外踏足，但心裡那個農耕夢立刻就被點燃了。先生慶明特意寫了一篇文章〈花二十美金，在美國租塊地種家鄉菜〉，發表在我們的微信公眾號上。

根據我們查到的本地報紙《Gainesville Sun》的報導，至少從一九八四年開始，人們就可以在這塊風景優美的湖畔菜地租地耕種了。只需要七美元，就可以租一塊二平方英尺（約一・八六平方米）的地，後來變成每年二十美金可以租二十五・四平方米的地。學校提供水、鐮子、犁耙和鋤頭，「你只需要貢獻種子和脊背」。項目負責人Blake說，他見到了來自許多國家、從不曾見過的菜。

當時租種的多是國際生和家屬，也有本地居民加入，九十塊地很快就被搶光。後來因為教學需要，這塊地收歸佛大農業與生命科學學院，作為跨學科研究的學生農學園，同時屬於佛大產地和餐桌校園食物計畫（Field & Fork Campus Food Program）的一部分。

每學期，三十到五十名志願者會一起到這片菜地，學習如何種植新鮮水果蔬菜，同時實踐永續農耕方式。

他們把這塊園地隔成條狀的菜畦，胡蘿蔔、豌豆、蕃茄、各種綠葉菜和瓜果，還有向日葵、香蕉樹，成行間種。相比隔壁的多族群生態菜地，這裡看上去更加整齊，幾乎沒有雜草，每一行菜畦的兩頭，都用綠色木片寫著菜的名字。他們也使用廚餘堆肥和咖啡渣沃土，手工除草。和多族群生態園地相比，菜畦工整，彼此之間保持一定距離，且沒有多年生高樹遮擋，很少見到其他野生動植物。

因為農學園旁邊是著名的景點蝙蝠屋，每到傍晚，這裡總會有上百個遊客在散步，等待蝙蝠成群飛出。這塊園地又靠近馬路和愛麗絲湖，有非常明確的觀賞功能。入夏，向日葵開放，還有遊客專門來拍照，我們也曾在此拍過全家福。

一年中，除了寒假和暑假，其他時間，農學園的蔬果都長得非常好，每隔一段時節就會種植新的作物。志願者們可以拿一些自己種的蔬果回家，剩餘的會送到佛大的食物儲藏所（Field and Fork Pantry）。這裡接收來自本地各大超市捐贈的免費食物，佛大的所有學生和職工都可以憑學校ＩＤ領取，蔬菜是無限量的。

這個食物儲藏所是佛大專為有食物危機的學生設立的。學院與大學食物銀行聯盟、全國反飢餓和無家可歸學生運動等四大組織，在二〇一六年推出了一份針對在校學生飢餓狀況報告。來自十二個州的三千七百六十五名學生受訪，結果顯示，百分之四十八的學生在接受調查前的三十天內有過吃不飽的經驗，有百分之二十二的學生處於飢餓狀態。食物儲藏所的目標就是不讓一個學生餓肚子。

農學園的志願者會在固定時間共同勞動，他們可以在菜地獲得美國大學必需的志願工作學分，特別出色的還可以作為實習生，學習怎麼日常經營一個農場，同時獲得學分。研究發現，有過農耕經驗的學生，學習的分數會更高，而且他們在此建立的領導力經驗，也是未來求職所需的。

我曾經帶著當時兩歲的女兒去做過一次志願者。他們臨時需要有人幫忙收穫，我帶著孩子去摘豌豆，拔胡蘿蔔。女兒摘下新鮮豌豆夾就放進嘴裡，同行的志願者說，他們沒有使用任何農藥和化肥，本來就可以用來拌沙拉。拔蘿蔔的時候，女兒唱起來〈拔蘿蔔〉的歌，我把歌詞翻譯給他們聽，大家都因為這可愛的童趣而哈哈大笑起來。那天我收到了一些拔斷了的蘿蔔作為報酬，其餘的，分大小，三五個一捆，被送去了學校的食物儲藏所。

## 在「開放日」親手做一道菜，改變世界

我們最喜歡的還是農學園每年兩次的開放日。一般是春天和秋天各一次，剛收穫過的土地被布置成一個大會場，中央是一個小舞台，會有樂隊演奏或女生抱著吉他清唱。不同的攤位沿著菜畦周圍擺放，三五成群的年輕人逛著攤位，或者鋪一塊野餐布坐在菜地上，聊天、聽音樂，也有的人，安靜地練著瑜伽。

最熱鬧的攤位永遠是烹飪藝術學生聯盟（Culinary Arts Student Union），他們往往提前一天開始準備開放日的素食料理，幾乎所有食材都來自農學園自產。第一次去，他們準備的炸豆腐春捲驚豔到了我，中國超市買得到的越南春捲皮，包裹著炸好的老豆腐、簡單醃漬過的粉紅色蘿蔔薄片，再搭配他們自己熬製的酸甜豆醬，相比傳統的甜辣醬，味道更加鮮明。另一道甜菜根鷹嘴豆藜麥沙拉，也吸引了愛美崇尚健康的女生們。

社團裡有一位金融系的中國女生，她說，前一天晚上，炸豆腐到了凌晨兩點，所有食材都是社團的人一起處理的。有的人很會做菜，有的人完全是個菜鳥，而她只是很有興趣，所以每期都不落下。他們在現場派發社團的活動傳單和超簡單快手菜的菜譜，吸引更多年輕人自己動手做飯，而不是去超市買冷凍食品。要知道，在美國，一片披薩就算是正餐，更多人是薯片搭配一款蘸醬，幾片餅乾配乳酪就是一餐。

還有許多學生是吃不起飯的。我在一個學生反飢餓社團的攤位上，才發現有一半的學生可能是餓著肚子去上學的，即便是在佛大，有免費食物領取，也仍然有十分之一的學生要忍受飢餓。這個資料讓我驚嘆，也對我們在美國求學的艱苦日子有一些釋然。

許多跟食物、農作物有關的社團，從各地趕來參加這樣的展示會。我曾看到自己種香菇、從事樸門永續實踐的學生社團，手工釀酒的社團。也遇到過食物藝術課程的學生們展示攤位，他們有的用植物種子或香草圖案，做陶藝小罐售賣；有的設計精美的香草明信片，印上簡單的沙拉食譜；還有的設計了一款植物紙牌遊戲，類似於《三國殺》桌遊，現場就邀請訪客玩了起來。

除了多族群生態農林園地和佛大學生園地外，佛大還設有幾十個針對不同農業專業領域的社區農場。還有一塊佛大有機農園（UF Organic Garden）供本地居民租賃。一塊三・七米乘七・六米的菜地，租賃費每半年十五美金。有機農園提供種子、農機具、灌溉水和日常護理，入駐會員要求每週六參加一次共同勞動和共食活動，沒有參加的超過一定次數會取消耕種資格。我身邊許多來自中國的父母和社區鄰居們，都會在閒暇時開車去種菜拔草。

關於食物、農業，我在佛羅里達大學看到了太多充滿想像的可能。大到可以連接可持續發展、女性平權、反飢餓等宏大主題，小到可以只關心今天中午吃什麼，怎麼樣讓飲食更健康輕鬆。

## 美國社區農園復興：擺脫消費主義的控制

佛大農學園和有機農園都誕生於一個很特別的時期，與美國人對社區永續農業的關注一脈相承。

蘿拉・勞森（Laura J. Lawson）等學者指出，美國現代社區農園（community gardens）的

實踐，可以追溯到二十世紀初。第一次世界大戰、大衰退以及第二次世界大戰，讓社區農園在政府鼓勵和推動下遍地開花，其中最典型的例子，就是二戰時期的勝利農園，既承載提供本地種植農產品的功能，也用來提升社區凝聚力。伴隨著二戰結束，上世紀五、六〇年代，社區農園開始更多變成一種個人愛好，但一些學校菜地和勝利農園留存了下來，成了七〇年代中期社區農園復興的基礎。

這一次復興，標誌著美國現代社區農園新時代的開端。有人把這場運動稱作「回到土地」的運動。這一時期的社區農園實踐，更多的是代表了一種對城市化進程的反抗，並且成為一場跨越年齡、種族和性別的健康和教育運動。當時許多人開始逃離城市中心，扎根郊區，在無主空地上開闢社區農園，以此應對通貨膨脹和食品價格飛漲，表達對環境問題的關注，並在社會動盪中重建社區聯繫。

在二十世紀七〇年代的金融危機期間，紐約的許多地產破產，成為空置和廢棄的地段。一個致力於保護城市農園的非營利性環保組織「綠色游擊隊」從一九七三年開始，在空置地產周圍投擲帶著肥料和水的「種子炸彈」。這一舉措不僅美化了這些空地，而且很快成為了一個促進社區參與的基層運動。

不同於之前自上而下推動的社區農園，這是一次自下而上的草根運動，不再仰賴政府在資金和專案上的支援。飛漲的食品價格、環境的惡化以及商業規模化生產食物的農殘問題，讓許多人決定，不要等別人提出解決辦法，而是把選擇權掌握在自己手上，跳出消費文化的控制。一九七六年的一項全國調查發現，百分之五十一的美國家庭擁有菜地，其中百分之十的人是在社區農園種菜。當時還有研究指出，參與種菜的群體相比其他群體更積極參與社區事務。

從一九七〇年代末期到一九八〇年代初期，社區農園越來越受歡迎，志願者和非政府組織的持續關注，給社區農園運動注入新的活力。佛大農學園和有機農園也在這一時期誕生，凝聚了一批關注食品安全、渴望新鮮食物的民眾。

一九九〇年代初期，社區農園不再限於利用小規模的郊區空地，針對兒童、老人和移民群體的，更有組織的社區農園專案蓬勃發展。許多二、三十歲的年輕人加入社區農園運動，將菜地看作是社區更新、永續發展和環保運動的象徵。很多社區農園的宣導者，將社區農園的意義延伸到社區發展、社會正義、教育及環境等議題上。

全美的社區農園數量穩步增長，而且在目的、民眾參與和地點等方面越來越多樣化。根據美國社區農園協會（American Community Gardens Association）的統計，社區農園數量從一九七〇年代初的二十個，增加到一九九〇年代末的七百七十多個。

這一階段最大的亮點，就是學校菜地的興起，進一步擴大了農村和郊區社區農園的影響。當時，孩子跟大自然之間的聯繫脫節，引起人們的擔憂。因為他們大多成長於超級市場輻射範圍內的社區，很多孩子以為食物來自罐頭，而不是土地。許多教育者和活動人士開始鼓勵孩子參與種菜。開拓菜地的學校，不只把菜地當作教育孩子關於土地、食物和生態系統的平台，有些還把菜地產出的食物加入到每日的膳食和點心當中。

也是在此時，高等院校加大了對永續農業的研究和教育的投入。一九九〇年，時任佛羅里達大學校長的Lombardi簽署了《塔樂禮宣言》（*The Talloires Declaration*），這個宣言提出高等院校對於環境保護與永續發展的關鍵性角色及迫切需要。Lombardi承諾創立環境教育和研究中心。二〇〇一年，佛大食物與農業科學研究所成立了一個有機農業中心，是全美三個擁有政府土地補助的有機和永續農業研究所之一。

當時，佛大另外一個關係社區農園發展的事件，剛剛塵埃落定。佛大在一九八〇年代末曾提出動議，要在愛麗絲湖邊的土地上興建學生公寓，把蝙蝠屋和菜地遷走。近八千名學生、教職工和支持者發起連署抗議，最終促使佛大擱置這個建設計畫。

愛麗絲湖邊的社區農園被保留下來，與臨近的多族群生態農林園地一起，成為佛大最重要的永續農業教育基地。除了上面提到的針對佛大學生和公眾的教育專案，佛大食物與農業科學研究所還編訂了名為《在種植中成長》（Grow to Learn）的學校菜地開闢指南，向佛州各大中小學校推廣永續農園的實踐。

食物、農耕，幾乎是每個人與生俱來的本能，可能引導著我們找到更好的未來。

（黃慶明參與了這篇文章的部分寫作。）

# 世界可持續食農地圖

by 藺桃和她的朋友們

**東北亞和東南亞**

● Rikolto in Vietnam (previously VECO Vietnam), Hanoi, Vietnam ｜ K'Ho Coffee, Lac Duong, Vietnam ● Kebun Kumara, Tangerang Selatan, Indonesia ｜ Bumi Langit Institute, Yogyakarta, Indonesia ｜ Yayasan Bringin, Yogyakarta, Indonesia ● Permaculture Center Japan, Fujino, Kanagawa, Japan ｜ Permaculture Awa, Minimaboso-shi, Chiba prefecture, Japan ｜ Permaculture Center Kamimomi, Okayama Prefecture, Japan

**中國大陸**

●**北京**：北京有機農夫市集｜北京小毛驢市民農園｜自然之友｜蓋婭自然學校｜中國綠發會良食基金｜食通社｜師法自然學堂｜北京愛故鄉文化發展中心｜國仁城鄉（北京）科技發展中心｜北京鄉村發展基金會，北京／西安｜沃土可持續農業發展中心，北京／廣東番禺●**天津**：天津綠腳印可持續生活聯盟●**上海**：小路自然教育｜上海四葉草堂青少年自然體驗服務中心｜ Slow Food 上海中心｜綠洲食物銀行●**廣西南寧**：農民種子網絡●**四川成都**：成都生活市集｜成都愛生活家合作社｜成都樂毛家鄉土自然學校＆蒲江縣社區營造支持中心●**廣東廣州**：海珠濕地自然學校｜深圳市華基金生態環保基金會｜廣東綠耕社會工作發展中心●**福建福州**：家園計劃 Anotherland ●**香港**：社區夥伴 PCD

**歐洲**

●**德國**：Café Botanico, Berlin, Germany ｜ ILSE HANS permaculture nursery, Gerswalde, Germany ｜ Prinzessinnengarten Kollektiv Berlin, Berlin, Germany ｜ Flail organic seeds, Longkamp, Germany ｜ Solidarische Landwirtschaft (The Solidarity Agriculture Network), Cologne, Germany ｜ Gärtnerhof Sonnenwurzel (Gardener's farm Sonnenwurzel), Reichling, Germany ｜ Regional Kollektiv Lanshut, Landshut, Germany ｜ The Biodynamic Federation Demeter International, Darmstadt , Germany ●**奧地利**：Sonnentor & Johannes Gutmann, Sprögnitz, Austria ●**義大利**：San Patrignano, Rimini, Italy ｜ Camilla, Bologna, Italy ｜ Cortilia, Milan, Italy ｜ Trasp-Orto, San Mauro Pascoli, Italy ｜ Intavoliamo, Milan, Italy ｜ COpAPS, Sasso Marconi, Italy ●**挪威**：Spire，Oslo, Norway ｜ EAT，Oslo, Norway ●**英國**：Incredible Edible Todmorden, Todmorden, West Yorkshire, UK ●**蘇格蘭**：REAP (Rural Environmental Action Project), Moray, Scotland

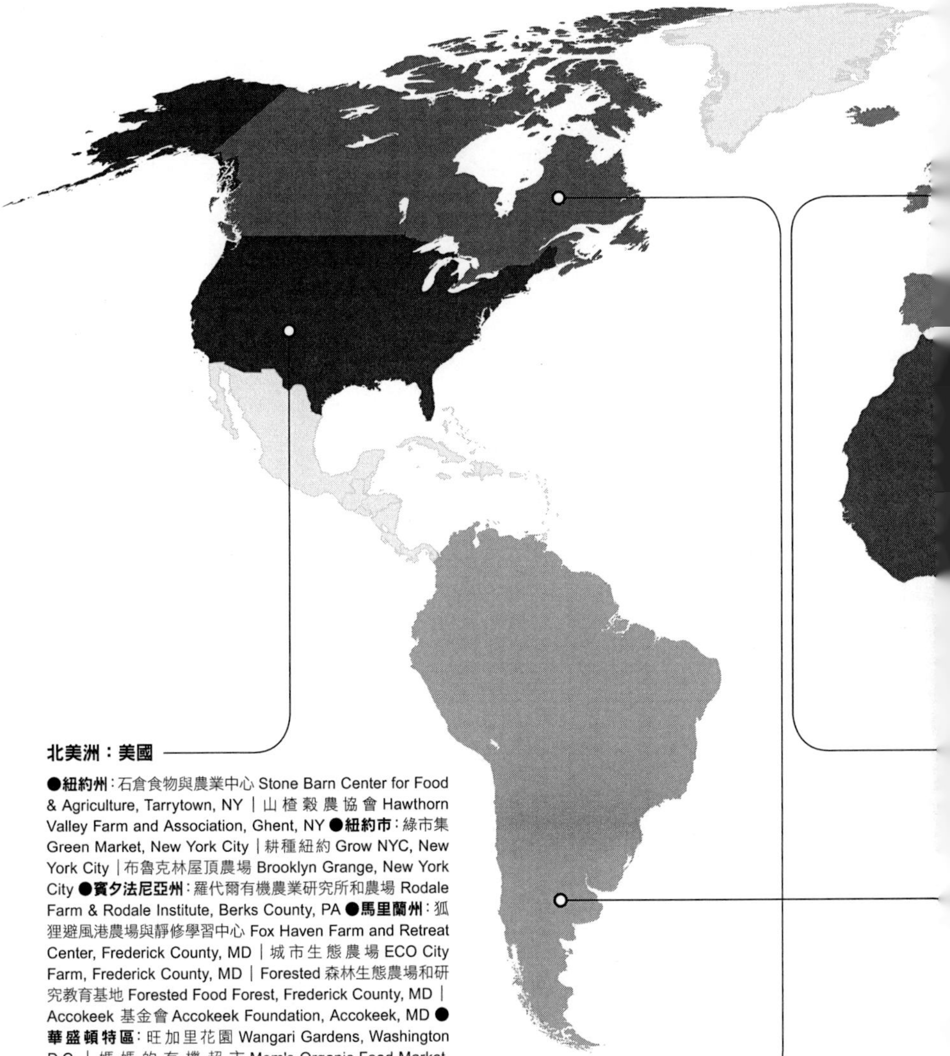

## 北美洲：美國

●**紐約州**：石倉食物與農業中心 Stone Barn Center for Food & Agriculture, Tarrytown, NY｜山楂穀農協會 Hawthorn Valley Farm and Association, Ghent, NY ●**紐約市**：綠市集 Green Market, New York City｜耕種紐約 Grow NYC, New York City｜布魯克林屋頂農場 Brooklyn Grange, New York City ●**賓夕法尼亞州**：羅代爾有機農業研究所和農場 Rodale Farm & Rodale Institute, Berks County, PA ●**馬里蘭州**：狐狸避風港農場與靜修學習中心 Fox Haven Farm and Retreat Center, Frederick County, MD｜城市生態農場 ECO City Farm, Frederick County, MD｜Forested 森林生態農場和研究教育基地 Forested Food Forest, Frederick County, MD｜Accokeek 基金會 Accokeek Foundation, Accokeek, MD ●**華盛頓特區**：旺加里花園 Wangari Gardens, Washington D.C.｜媽媽的有機超市 Mom's Organic Food Market, Washington D.C. ●**北卡羅萊納州**：Bountiful Cities Project, Ashville, NC｜The Carolina Farm Stewardship Association, Pittsboro, North Carolina｜RAFI-USA, Pittsboro, North Carolina ●**喬治亞州**：Georgia Organics, Atlanta, GA ●**愛荷華州**：Seed Savers Exchange, Decorah, Iowa ●**亞利桑那州**：Native Seeds/SEARCH, Tucson, Arizona ●**華盛頓州**：碧根食物森林 Beacon Food Forest, Seattle, Washington ●**佛羅里達州**：Working Food, Gainesville, FL｜Mosswood Farm Store & Bakehouse, Micanopy, FL｜ECHO, North Fort Myers, FL｜Ethnoecology Garden & Field and Fork Garden, Gainesville, FL ●**明尼蘇達州**：Food of the North, Moorhead, Minnesota ●**科羅拉多州**：Slow Food Denver, Denver, Colorado｜Seeds Library Café, Denver, Colorado｜Natural Grocers, Denver, Colorado ●**新墨西哥州**：The Quivira Coalition, Santa Fe, New Mexico ●**伊利諾州**：Iroquois Valley Farmland REIT, Evanston, Illinois ●**密西根州**：Zingerman's Delicatessen, Ann Arbor, MI｜Argus Farm Stop, Ann Arbor, MI

## 北美洲：加拿大

● Local Food Plus, Toronto ● Direct Farm Manitoba, Manitoba ● The Ecological Farmers Association of Ontario (EFAO),Ontario ● Ecology Action Center, Nova Sacotia ● Farm Folk City Folk, British Columbia ● Organic Alberta, Alberta ● SeedChange, Ottawa ● Regeneration Canada, Montreal (QC), Canada ● Rural Routes to Climate Solutions, Alberta ● SASK Organics, Saskatchewan

## 南美洲

● Atukpamba, Quito, Ecuador ● Terrazas Productivas, Quito, Ecuador ● Bruma, Patos de Minas, Brazil

## 非洲

● La Via Campesina，Harare, Zimbabwe

釀生活37　PF0284

# 美好生活的兩個臺灣實踐樣本＋


| | |
|---|---|
| 作　　者 | 藺　桃 |
| 責任編輯 | 尹懷君、楊岱晴 |
| 圖文排版 | 陳彥妏 |
| 封面設計 | 蔡瑋筠 |
| 出版策劃 | 釀出版 |
| 製作發行 | 秀威資訊科技股份有限公司<br>114 台北市內湖區瑞光路76巷65號1樓<br>電話：+886-2-2796-3638　傳真：+886-2-2796-1377<br>服務信箱：service@showwe.com.tw<br>http://www.showwe.com.tw |
| 郵政劃撥 | 19563868　戶名：秀威資訊科技股份有限公司 |
| 展售門市 | 國家書店【松江門市】<br>104 台北市中山區松江路209號1樓<br>電話：+886-2-2518-0207　傳真：+886-2-2518-0778 |
| 網路訂購 | 秀威網路書店：https://store.showwe.tw<br>國家網路書店：https://www.govbooks.com.tw |
| 法律顧問 | 毛國樑　律師 |
| 總 經 銷 | 聯合發行股份有限公司<br>231新北市新店區寶橋路235巷6弄6號4F<br>電話：+886-2-2917-8022　傳真：+886-2-2915-6275 |
| 出版日期 | 2021年12月　BOD一版 |
| 定　　價 | 320元 |




**Printed in Taiwan**

讀者回函卡

國家圖書館出版品預行編目

美好生活的兩個臺灣實踐樣本+ / 蘭桃著. -- 一版. --
臺北市 : 釀出版, 2021.12
面； 公分. -- (釀生活 ; PF0284)
BOD版
ISBN 978-986-445-573-7(平裝)

1.農民 2.農業經營 3.人物志 4.生活方式

431.4 110019496